JN411667

KSEA120-12

국토해양부고시

소규모건축물 구조지침 및 해설

STRUCTURAL DESIGN CRITERIA AND COMMENTARY FOR ONE AND TWO STORY SMALL BUILDINGS

발간사

국내 건축물에 대한 내진설계제도는 1988년에 최초로 도입된 이후 지속적인 개정을 통하여 정비되어 왔으나, 내진안전확인 대상건축물은 3층 이상으로 한정되어 있는 실정입니다. 따라서 예상되는 지진재해로부터 국민의 생명과 재산을 보호하기 위한 건축물 내진설계 관련제도 및 기준의 보완 필요성이 지속적으로 제기되었으며 특히 지진재해 발생시 가장 피해가 클 것으로 예상되는 1~2층의 소규모건축물에 대한 내진설계 적용의 필요성이 꾸준히 제기되어 왔습니다.

이에 따라 2010년 국토해양부에서는 내진설계 대상에서 제외된 소규모건축물에 대한 내진설계 적용 방안을 건축구조기술사회와 대한건축학회에 연구·의뢰하였으며, 그 결과를 바탕으로 건물 층수 2층 이하, 연면적 500㎡ 이하의 소규모건축물에 대한 구조설계에 제한적으로 적용할 수 있는 「소규모건축물 구조지침」을 제정·고시(2011년 12월 23일, 국토해양부 공고 제2011 - 1254호)하였습니다.

이 지침 및 해설집을 발간하게 된 주된 취지는 현행법상 구조안전에 대한 확인의무 대상에서 제외된 2층 이하 소규모건축물에 대해 간략한 방법으로 최소한의 구조안전성을 확보하도록 하는데 도움을 주고자 하는 것입니다.

이 지침의 적용범위를 2층 이하, 연면적 500㎡ 이하의 규모에 해당되면서 몇 가지 제한조건을 만족하는 정형적인 소규모건축물로 제한한 이유는 이 지침의 적용이 소규모건축물의 구조안전성 확보에 간편한 방법으로 도움을 줄 수 있는 반면에, 구조해석 없이 구조부재의 단면을 결정할 수 있도록 하였기 때문에 이 지침의 확대 적용시 여러 가지 측면에서 부적합하거나 불합리할 수 있다는 점을 고려한 것입니다. 이러한 이유로 향후 소규모건축물에 대해서도 건물의 특성을 고려한 구조계획과 함께 구조설계는 건축구조기준에 따라 구조전문가가 수행하는 것이 보다 합리적이고 경제적이라는 점을 강조하고 싶습니다. 이 지침 및 해설집의 집필연구는 국토해양부와 제12대 이문곤 회장의 적극적인 뒷받침으로 수행되었습니다. 출간을 위하여 오랜 기간동안 귀중한 시간을 할애해 주신 신영수 집필위원장을 비롯한 여러 집필위원, 자문위원 및 국토해양부 관계자 여러분께 깊은 감사를 드립니다.

2012년 4월

(사)한국건축구조기술사회 회장 김승철

머리말

기존 소규모건축물은 공학적 근거 없이 자의적인 방법으로 구조설계되어 중력하중뿐만 아니라 지진하중에 대한 구조적 안전성 문제가 발생할 가능성이 큰 상태이다. 이는 건축법 시행령 제32조 제1항에 의해 소규모건축물은 구조안전 확인 의무대상에서 제외되어 중력하중 및 지진하중 등 구조물에 작용하는 하중에 대한 구조검토 없이 관례적으로 설계·시공되어왔다. 더욱이 근래에 들어 잦은 지진 발생은 건물 동수의 90% 이상을 차지하는 소규모건축물의 내진안전성이 크게 우려된다.

이러한 소규모건축물의 구조적 문제점을 해결하기 위해 신축되는 소규모건축물에 대해 설계단계에서 갖추어야 할 구조형식, 구조상세, 구조설계방법, 설계하중 등을 규정하고 내진성능을 비롯한 제반 구조성능을 확보하도록 지침 및 해설을 마련하였다. 즉 이 지침 및 해설은 소규모건축물에 주로 적용되는 콘크리트구조, 조적조, 강구조의 부재와 지하구조물과 기초 등 소규모건축물의 설계에 필요한 대부분이 규정되어 있다. 이 지침 및 해설은 구조 종별에 따라 몇가지 제한조건을 두고 그 제한조건에 맞는 소규모건축물은 통상적인 구조설계 과정을 거치지 않고 구조안전 성능을 확보할 수 있도록 개발하여 소규모건축물의 경제성과 안전성을 확보하면서 사용자가 최대한 편리하고 쉽게 사용할 수 있도록 하였다. 구조기술자뿐만 아니라 건축설계자도 이 지침 및 해설에서 제시한 순서를 따르면 별도의 구조계산 없이도 구조안전을 확보할 수 있도록 쉽게 규정되어 있으며, 구조재료, 부재 크기 및 상세도 등도 규정되어 있으므로 국민의 안전과 재산보호, 재난관리 차원에서 구조 및 시공에 많이 적용될 것으로 기대한다.

앞으로 미국의 IRC(International Residential Code)와 같은 보다 정교한 소규모건축물 기준을 마련하기 위해서는 보다 다양한 설계조건과 구조재료에 대해 연구가 필요하다. 추후 소규모건축물의 다양한 설계변수에 대한 연구가 진행되어 우리나라 소규모건축물의 현실에 적합하고 유용한 구조설계기준이 마련되었으면 한다.

끝으로 그동안 이 지침 및 해설을 만들기 위해 헌신적으로 참여하여 좋은 결실을 위해 노력과 수고를 아끼지 않은 집필진들과 자문위원님들, 그리고 이 지침 및 해설집의 성공적 발간을 위해 물심양면으로 도움을 주신 이문곤 12대 건축구조기술사 회장께 이 자리를 빌려 고마움을 전합니다. 또한, 조찬회의를 위해 수고해준 건축구조기술사회 직원들에게도 고마움을 표하고 싶습니다.

2012년 2월

집필위원장 신영수

차 례

제1장 총 칙

제2장 적용범위

제3장 콘크리트구조

제4장 조적조

제5장 강구조

제6장 기 초

제7장 지하구조

제 1 장

총　칙

제1장 총 칙

0101 일반사항

0101.1 목적

이 소규모 건축물 구조지침(이하 '이 지침')은 건축법 시행령 제32조 제1항에 따른 구조안전 확인 의무대상은 아니나 별도의 구조계산 없이 고정하중, 적재하중, 적설하중, 풍압, 지진, 그 밖의 진동 및 충격 등에 대하여 안전한 건축물을 건축하는 데 활용하기 위한 지침으로서 구조형식, 구조상세, 구조설계방법, 설계하중 등의 기술적 사항을 규정함으로써 소규모 건축물의 안전성, 사용성 및 내구성을 확보하는 것을 그 목적으로 하며, 이 지침의 적용 여부는 건축주가 자율적으로 정할 수 있다.

0101 일반사항

0101.1 목적

이 지침은 그동안 건축법 시행령 제32조 제1항에 따른 구조안전 확인 의무대상에서 제외되어 중력하중 및 지진하중 등 구조물에 작용하는 하중에 대한 구조계산 없이 건설되어온 소규모 건축물의 안전성, 사용성 및 내구성을 확보하는 데 목적이 있다. 이 지침에는 소규모 건축물의 설계단계에서 갖추어야 할 구조형식, 구조상세, 구조설계방법, 설계하중 등을 규정하여 내진성능을 비롯한 제반 구조성능을 확보하도록 하였다. 이를 위해 몇 가지 제한조건을 정하고 그 제한조건에 맞는 소규모 건축물에 한하여 이 지침을 적용하면 안전성, 사용성, 내구성이 확보되도록 하였다. 기존 소규모 건축물의 구조에 대해 관습적으로 수행해온 공학적 근거 없는 자의적인 방법은 소규모 건축물의 구조안전성에 심각한 문제가 발생할 가능성이 크므로 국민의 안전과 재산보호, 재난관리 차원에서 이 지침의 적용이 필요하다. 이러한 목적에서 이 지침은 통상적인 구조설계 과정을 거치지 않고 구조안전 성능을 확보할 수 있도록 개발한 것으로 소규모 건축물의 경제성과 안전성을 확보하면서 사용자가 최대한 편리하고 쉽게 사용하도록 하였다. 이 지침에서 제시한 순서를 따라 가면 별도의 구조계산이 필요 없이 구조안전을 확보할 수 있으며, 구조재료, 부재 크기 및 상세도 모두 잘 나타나 있으므로 소규모 건축물의 구조 및 시공에 유용할 것이다. 이 지침의 적용범위를 벗어나는 설계는 건축구조기준(KBC)에 따라서 구조안전을 검토하여야 적절한 구조 성능을 확보할 수 있으며 특히 경제성이 강조되는 소규모 건축물은 별도의 구조설계를 수행하여야 한다.

0101.2 규정내용

이 장에서는 이 지침의 적용범위, 구성, 용어의 정의, 구조설계, 구조안전의 확인에 관한 사항을 규정한다. 이 장에서 규정하지 않거나 제2장의 적용범위 및 각 장의 적용조건을 만족하지 못하는 건축물에 대해서는 이 지침을 적용할 수 없으며, 이 지침을 적용하지 못하는 건축물에서 구조의 안전을 확보하기 위해서는 국토해양부 고시 건축구조기준(이하 '건축구조기준')을 따른다.

0101.2 규정내용

이 장에서는 소규모 건축물의 안전성, 사용성 및 내구성을 확보하기 위해 지침 전반에 걸쳐 공통적으로 적용되는 사항을 총괄적으로 규정하였다. 또한, 이 지침에서는 소규모 건축물의 설계 및 시공에 적용할 수 있도록 설계변수들을 조합하여 실제로 구조설계를 수행하고 이에 근거하여 구조부재를 제시하였다. 그러나 소규모 건축물에 적용될 수 있는 모든 하중, 평면, 층고, 재료의 강도 등을 고려한다는 것은 불가능하므로 일정한 조건을 제시하여 이 조건에 적합한 소규모 건축물에 한하여 적용할 수 있도록 적용의 한계를 두었다. 이 지침에서 제시한 구조부재는 소규모 건축물의 안전성 확보를 위해 하중, 층고, 경간 등의 여러 조건 중 가장 불리한 조건에 대해 검토하여 제시한 것으로 실제 건축물을 국토해양부 고시 건축구조기준(이하 건축구조기준이라고 한다)으로 구조설계한 건축물보다 다소 경제성이 떨어질 수 있다. 따라서 이 지침의 적용범위 내에 있어도 적절한 안전성과 경제성 확보가 필요한 소규모 건축물은 건축구조기준에 의해 구조설계를 수행하면 가능하다.

0101.3 지침의 구성

이 지침은 7개의 장으로 구성되며, 그 내용은 다음과 같다.

제1장 총칙
제2장 적용범위
제3장 콘크리트구조

0101.3 지침의 구성

이 지침은 총칙과 적용범위를 비롯하여 소규모 건축물의 구조에 적합한 구조형식인 콘크리트구조, 조적식구조, 강구조 등으로 이루어져 있다. 이 지침은 주로 제3장 콘크리트구조, 제4장 조적식구조, 제5장 강구조, 제6장 기초구조, 제7장 지하구조 등에 대해 연구하여 구

제4장 조적식구조
제5장 강구조
제6장 기초
제7장 지하구조

0101.4 관련 구조기준 및 시방서

다음의 기준은 필요한 경우, 이 지침의 일부로 사용할 수 있다.

(1) 건축구조기준/ 국토해양부/ 2009

(2) 건축공사표준시방서/ 국토해양부/ 2006

체적인 구조부재까지 제시하였다. '건축물의 구조기준 등에 관한 규칙' 제3장 소규모 건축물의 구조기준에 있는 목구조, 보강블록조에 대해 이 지침과 같이 구조부재 및 상세를 제시하기 위해서는 보다 더 심층적인 연구가 필요하여 이 지침에서는 제외하였다.

0101.4 관련 구조기준 및 시방서

이 지침은 그 동안 국토해양부의 훈령 및 고시로 운영해 온 여러 구조기준 중에서 소규모 건축물의 내진성능 확보에 적절한 대표적인 기준을 채택하였다. 0101.4에 열거한 이외의 기준도 사용할 수 있다.

0102 용어의 정의

이 지침에서 사용하는 용어들은 다음과 같이 정의한다.

0102.1 일반사항 용어의 정의

- **건축물** : 토지에 정착하는 공작물 중 지붕과 기둥 또는 벽이 있는 것과 이에 부수되는 시설물, 지하 또는 고가의 공작물에 설치하는 사무소, 공연장, 점포, 차고, 창고, 기타 건축법이 정하는 것
- **소규모건축물** : 건축법 시행령 제32조 제1항에 따른 구조안전 확인 의무대상이 아닌 건축물. 다만, 이 지침에서는 연면적 500m^2 미만인 건축물로 제한한다.
- **구조검토** : 구조체가 구조안전성을 확보하였는지에 대하여 설계자의 경험과 기술력을 바탕으로 하여 그 타당성 여부를 판단하는 일(구조설계도서와 시공상세도서, 증축, 용도변경, 구조변경, 시공상태, 유지·관리상태에 대한 구조안전성 검토를 포함한다)
- **구조계산** : 구조체에 작용하는 각종 설계하중에 대하여 각부가 안전한가를 확인하기 위해 구조역학적인 계산을 하는 일.
- **구조계획** : 건축물과 공작물의 사용목적에 맞추어 각종 외력과 하중 및 지반에 대하여 안전하도록 구조체에 대한 3차원공간의 구조형태와 각종 하중에 대한 저항시스템, 기초구조 등을 선정하고 또한 경제성을 고려하여 구조부재의 재료와 형상, 개략적인 크기를 결정하여 구조적으로 안정된 공간을 창조하는 일련의 초기 작업과정
- **구조물** : 건축물과 공작물의 뼈대를 이루는 부분(구조공학적인 측면에서 건축물과 공작물을 일컬을 때 사용)
- **구조부재** : 기둥, 기초, 보, 가새, 슬래브, 벽체 등

0102 용어의 정의

0102.1 일반사항 용어의 정의

건축물(Buildings)

소규모건축물(One and two story small building)

구조검토(Structural review)

구조계산(Structural calculation)

구조계획(Structural planning)

구조물(Structures)

구조부재(Structural member)

구조체의 각 구성 요소

- **구조설계** : 구조계획에 따라 형성된 3차원공간의 구조체에 대하여 구조역학을 기초로 한 골조해석 및 구조계산으로 이 지침에 따라 구조안전을 확인하고 구조체 각 구조부재에 대하여 이를 시공 가능한 도서로 작성하여 표현하는 일련의 창조적 과정의 업무

구조설계(Structural design)

- **구조설계도서** : 건축물이나 공작물의 구조체공사를 위해서 필요한 도서로서 구조설계도와 구조설계서, 공사시방서(구조 분야) 등을 통틀어서 이르는 것

구조설계도서(Structural documents)

- **구조설계도** : 구조설계의 최종결과물로서 구조체의 구성, 부재의 형상, 접합상세 등을 표현하는 도면

구조설계도(Structural design drawings)

- **구조설계서** : 구조계획과 골조해석 및 부재설계의 결과를 설계자의 경험과 기술력으로 평가·조정하여 경제적이고 시공성이 우수한 구조체가 되도록 표현한 도면화 전 단계의 성과품(구조설계개요, 구조특기시방, 구조설계요약, 구조계산 등을 포함한다)

구조설계서(Structural design reports)

- **구조안전** : 건축물 및 공작물이 외력이나 주변조건에 대하여 단기적으로나 장기적으로 충분한 저항력을 지니고 있는 것

구조안전(Structural safety) : 설계단계, 시공단계, 유지관리 단계 모두 안전해야 한다.

- **구조체** : 건축물 및 공작물에 작용하는 각종 하중에 대하여 그 건축물 및 공작물을 안전하게 지지하는 구조물의 뼈대 자체를 말하며, 일반적으로 부구조체를 제외한 기본뼈대를 지칭

구조체(Structure)

- **공사시방서(구조 분야)** : 구조 분야 공사에 관한 시방서

공사시방서(구조 분야) (Specification for structures)

- **내구성** : 건축물 및 공작물의 안전성을 일정한 수준으로 유지하기 위해 필요한 것으로서 장기간에 걸친 외부의 물리적, 화학적 또는 기계적 작용에 저항하여 변질되거나 변형되지 않고 처음의 설계조건과 같이 오래 사용할 수 있는 구조물의 성능

내구성(Durability)

- **리모델링** : 건축물의 노후화 억제 또는 기능 향상 등을 위하여 대수선 또는 일부 증축하는 행위

리모델링(Remodelling)

지침 | 해설

• 부구조체 : 건축물 및 공작물의 구조체에 부착하며, 구조설계단계의 골조해석에서는 하중으로만 고려하고, 시공단계에서 상세를 결정하여 시공하는 구조부재

부구조체(Sub structure) : 구조설계단계에서는 하중만 고려하고 시공단계에서 구조안전을 확인해야 하는 커튼월, 다양한 패널, 천장틀 등이 여기 해당한다.

• 부재력 : 하중 및 외력에 의하여 구조부재의 가상절단면에 생기는 축방향력 · 휨모멘트 · 전단력 · 비틀림 등

부재력(Member forces)

• 사용성 : 과도한 처짐이나 불쾌한 진동, 장기변형과 균열 등에 적절히 저항하여 마감재의 손상방지, 건축물 및 공작물 본래의 모양유지, 유지관리, 입주자의 쾌적성, 사용중인 기계의 기능유지 등을 충족하는 구조물의 성능

사용성(Serviceability)

• 시공상세도 : 구조설계도의 취지에 맞게 실제로 시공할 수 있도록 각 구조부재의 치수 등을 시공자가 상세히 작성한 도면

시공상세도(Working drawings, Construction drawings, Shop drawings)

• 안전성 : 건축물 및 공작물의 예상되는 수명기간동안 최대하중에 대하여 저항하는 능력으로서 각 부재가 항복하거나 좌굴, 피로, 취성파괴 등의 현상이 생기지 않고 회전, 미끄러짐, 침하 등에 저항하는 구조물의 성능

안전성(safety)

• 응력 : 하중 및 외력에 의하여 구조부재에 생기는 단위면적당 힘의 세기

응력(Stress)

0102.2 콘크리트구조 용어의 정의

0102.2 콘크리트구조 용어의 정의

• 갈고리 정착 : 철근정착의 한 가지 방법으로서 철근 끝을 90° 또는 180° 구부려서 정착하는 방법(일반적으로 직선 정착길이가 부족한 경우에 사용)

갈고리 정착(Anchorage by hook)

• 경간 : 부재의 지지간 거리로서 지지하는 부재의 중심간 거리

경간(Span)

• 큰보 : 기둥과 기둥을 연결하는 보 또는 기둥으로부터 연결된 캔틸레버보

큰보(Girder)

• 단부 : 각 부재의 단부영역(순길이의 1/4에 해당)

단부(End of span)

지침

- 스터럽 : 보의 주철근을 둘러싸고 이에 직각이 되게 또는 경사지게 배치한 복부보강근으로서 전단력에 저항하도록 배치한 보강철근
- 폐쇄형 스터럽 : 보의 주철근을 둘러싸고 이에 직각이 되게 또는 경사지게 배치한 복부보강근으로서 전단력 및 비틀림모멘트에 저항하도록 배치한 보강철근
- 유효깊이 : 휨부재에서 콘크리트 압축연단으로부터 인장철근군의 중심까지 거리
- 이형철근 : 표면에 리브와 마디 등의 돌기가 있는 봉강으로서 KS D 3504(철근콘크리트용 봉강)에 규정되어 있는 철근 또는 이와 동등한 품질과 형상을 가지는 철근
- 작은보 : 슬래브를 지지하고 큰보에 연결되는 보
- 중간모멘트골조 : 지진하중에 대하여 향상된 연성능력을 발휘하도록 특정한 상세가 적용된 모멘트골조
- 중앙부 : 양단부를 제외한 영역(순길이의 1/2에 해당)
- 철근비 : 각 부재의 전체 단면적에 대한 철근면적 비율
- 철근의 정착 : 철근의 인장력과 압축력을 발휘하기 위하여 철근이 필요한 위치로부터 연장된 길이
- 철근의 이음 : 철근의 연속성을 유지하기 위하여 철근을 잇는 방식(주로 겹침이음을 사용)
- 띠철근 : 기둥에서 코어 콘크리트를 둘러싸고 90° 갈고리로 콘크리트에 정착된 횡방향 철근
- 후프철근 : 기둥과 보에서 코어 콘크리트를 둘러싸고 135° 갈고리로 코어 콘크리트에 정착된 횡방향 철근

0102.3 조적식구조 용어의 정의

- 가로줄눈 : 조적단위가 놓이는 수평적인 모르타르

해설

스터럽(Stirrup)

폐쇄형 스터럽(Closed stirrup)

유효깊이(Effective depth)

이형철근(Deformed bars)

작은보(beam)

중간모멘트골조(Intermediate moment frame)

중앙부(center of span)

철근비(Reinforcement ratio)

철근의 정착(Anchorage of reinforcement)

철근의 이음(Splice of reinforcement)

띠철근(Tie)

후프철근(Hoop)

0102.3 조적식구조 용어의 정의

가로줄눈(Bed joint)

접합부

- **그라우트** : 시멘트 성분을 가진 재료와 골재의 혼합물로 구성되어 있으며, 조적개체의 사이 혹은 속빈 조적개체의 채움용으로 쓰이는 모르타르 혹은 콘크리트

그라우트(Grout)

- **내력벽** : 공간을 구획하기 위하여 쓰이는 수직방향의 부재로서 중력방향의 힘에 견디거나 힘을 전달하기 위한 벽체

내력벽(Bearing wall)

- **벽량** : 각 방향 내력벽체의 길이에 벽체두께를 곱한 값

벽량(Wall quantity)

- **벽률** : 동일평면상의 벽량의 총합을 평면의 면적으로 나눈 값

벽률(Ratio of wall)

- **세로줄눈** : 수직으로 평면을 교차하는 모르타르 접합부

세로줄눈(Head joint)

- **인방보** : 조적벽체의 개구부 위에 설치되는 보강된 수평부재

인방보(Lintel beam)

- **조적개체** : 규정한 요구조건을 만족하는 벽돌, 타일, 석재, 유리블록 또는 콘크리트블록

조적개체(Masonry unit)

- **줄기초** : 벽체의 길이를 따라서 설치되는 기초

줄기초(Wall footing)

- **총벽량** : 각방향 내력벽체의 길이에 벽체두께를 곱한 값의 합

총벽량(Total wall quantity)

- **총벽체길이** : 가로방향과 세로방향의 내력벽을 각각 분류하여 길이를 합한 것

총벽체길이(Total length of wall)

- **켜** : 가로줄눈으로 나누어진 일렬의 벽돌개체

켜(wythe)

- **테두리보** : 슬래브의 하중을 조적벽에 균등히 전달할 수 있도록 콘크리트 슬래브와 조적벽 사이에 설치되는 철근콘크리트보

테두리보(bond beam)

0102.4 강구조 용어의 정의

0102.4 강구조 용어의 정의

- **경간** : 부재의 지지간 거리로서 지지하는 부재의 중심간 거리

경간(Span)

- **주각부** : 철골 상부구조와 기초 사이에 힘을 전달하기 위하여 기둥 하부에 설치되는 판재, 접합재, 볼

주각부(Column base)

트 및 앵커볼트 등의 연결 부위를 지칭

- **단순접합부** : 접합된 부재 간에 전단력만을 전달하도록 고안된 접합부(휨모멘트는 전달하지 않음)

단순접합부(Simple connection)

- **맞댐용접** : 2개의 판 끝면을 거의 동일한 평면 내에서 맞대어 연결하는 용접

맞댐용접(Butt weld)

- **모살용접** : 용접되는 부재의 교차되는 직각면 사이를 채워서 삼각형의 용접단면이 만들어지는 용접

모살용접(Fillet weld)

- **소성단면계수** : 휨에 저항하는 완전항복단면의 단면계수로서, 소성중립축 상하의 단면적의 중립축에 대한 1차모멘트

소성단면계수(Plastic section modulus)

- **스티프너** : 하중을 분배하거나, 전단력을 전달하거나, 좌굴을 방지하기 위해 부재에 부착하는 ㄱ형강이나 판재와 같은 구조요소

스티프너(Stiffner)

- **압연강재** : 고온상태에서 강을 압연해서 마무리 롤에 의해 막대나 판 등의 각종 형상으로 가공한 강재

압연강재(Rolled steel)

- **앵커볼트** : 주각이나 토대를 콘크리트 기초에 긴결하기 위하여 매입하는 볼트

앵커볼트(Anchor bolt)

- **연속판** : 기둥과 보 사이의 패널존의 위와 아래에 설치되는 보강판재, 수평 스티프너로도 불림

연속판(Continuity plates)

- **완전강접합** : 접합되는 부재 사이에 무시할 정도의 상대회전변형이 발생하면서 모멘트를 전달할 수 있는 접합

완전강접합(Fully restrained moment connection)

- **용착금속** : 용접과정에서 완전히 용융된 부분. 용착금속은 용접과정에서 열에 의해 녹은 용입재와 모재로 구성

용착금속(Deposited metal)

- **작은보** : 슬래브를 지지하고 큰보에 연결되는 보

작은보(Beam)

- **큰보** : 기둥과 기둥을 연결하는 보 또는 기둥으로부터 연결된 캔틸레버보

큰보(Girder)

- **항복강도** : 응력과 변형의 비례상태의 규정된 변형한계를 벗어날 때의 응력

항복강도(Yield strength)

- **항복응력** : 항복점, 항복강도 또는 항복응력 레벨

항복응력(Yield stress)

지침

0102.5 기초 용어의 정의

- 독립기초 : 각 기둥의 하부에 설치되는 사각형의 기초
- 줄기초 : 벽체의 길이를 따라서 설치되는 기초
- 내력벽 : 하중을 지지하도록 설치된 구조용 벽체
- 온통기초 : 모든 수직재 또는 일부의 수직재 하부에 슬래브처럼 설치되는 기초

해설

0102.5 기초 용어의 정의

독립기초(Isolated footing, Spread footing)

줄기초(Strip footing, Wall footing)

내력벽(Bearing wall, Structure wall)

온통기초(mat foundation)

0103 구조설계

0103.1 구조설계의 원칙

건축물의 구조설계는 원칙적으로 국토해양부 고시 건축구조기준에 따라 설계하여야 하는 것이나, 건축법시행령 제32조 제1항에 따른 구조안전 확인 의무대상이 아닌 건축물이 이 지침에서 제시하는 적용범위 및 적용조건을 만족하고 적용상 문제가 없는 경우에는 이 지침에 따라 설계할 수 있다.

0103.1.1 안전성

소규모 건축물의 구조체는 유효적절한 구조계획을 통해 건축물 전체가 이 지침의 규정에 따라 구조적으로 안전하도록 한다.

0103.1.2 사용성

소규모 건축물의 구조체는 사용에 지장이 있는 변형

0103 구조설계

0103.1 구조설계의 원칙

건축법 제48조 제1항에 따라 건축물은 고정하중·활하중·적설하중·풍하중·지진, 그 밖의 진동·충격 등에 대하여 안전하여야 하며, 이러한 설계하중은 건축구조기준에 따라야 한다. 소규모 건축물도 이 원칙을 적용하여 구조물에 가해지는 모든 하중에 대하여 구조적 안전성이 확보되어야 한다. 또한 건축물을 사용하는 동안 사용성에 문제가 발생하지 않아야 하며 노후화되어도 건축물의 기능이 저하하지 않도록 설계단계에서부터 면밀히 고려하여야 한다. 이를 위해서는 건축구조기준을 적용하여 구조설계하여야 안전성, 사용성, 내구성을 갖춘 구조체 확보가 가능하다. 그러나 소규모 건축물 전부를 건축구조기준을 적용하여 구조설계하는 것은 현실적으로 어려움이 있으므로 제2장의 적용범위 및 각 장의 적용조건을 만족하는 건축물을 이 지침에 따라 설계·시공하면 위의 하중들에 대하여 안전한 것으로 평가할 수 있다. 즉 이 지침에서는 일정한 적용범위를 정하고 이 범위 내에 있는 소규모 건축물에 이 지침을 적용하면 내진성능을 포함한 구조적 안전성을 확보할 수 있도록 하였다. 그러나 이 지침의 적용범위에서 제시하는 하중, 층고, 경간 등의 조건에서 규정하고 있는 최대 범위보다 현저하게 작은 소규모 건축물은 이 지침에서 제시하는 부재와 상세가 구조적으로 비경제적일 수 있다. 경제성 확보가 중요한 소규모 건축물은 건축구조기준을 적용하여 구조설계할 필요가 있다.

이나 진동이 생기지 아니하도록 충분한 강성과 인성을 확보해야 한다.

0103.1.3 내구성

구조물의 사용기간 동안 구조성능, 사용성능, 미관을 유지하기 위하여 구조체는 균열방지, 철근 및 강재의 부식방지 등의 내구성을 확보하여야 한다. 특히 구조부재로서 부식이나 마모훼손 우려가 있는 것에 대해서는 모재나 마감재에 이를 방지할 수 있는 재료를 사용하는 등 필요한 조치를 취하여야 한다.

0103.2 설계하중

제2장의 적용범위 및 각 장의 적용조건을 만족하는 건축물을 이 지침에 따라 설계·시공하면 고정하중, 활하중, 적설하중, 풍하중, 지진에 대하여 안전한 것으로 평가할 수 있다.

0103.2 설계하중

건축법 제48조 제1항에 따라 건축물은 고정하중·활하중·적설하중·풍하중·지진, 그 밖의 진동·충격 등에 대하여 안전하여야 하며, 이러한 설계하중은 건축구조기준에 따라야 한다. 이 지침의 내용은 건축구조기준에 규정된 하중에 안전하도록 구조설계하고 이를 정리하여 규정하였다. 다만, 제2장의 적용범위 및 각 장의 적용조건을 만족하는 건축물을 이 지침에 따라 설계·시공하면 위의 하중들에 대하여 안전한 것으로 평가할 수 있다.

0103.3 구조계획

(1) 소규모 건축물의 구조계획에는 건축물의 용도, 사용재료 및 강도, 지반특성, 하중조건, 구조형식, 장래의 증축 여부, 용도변경이나 리모델링 가능성 등을 고려한다.

(2) 기둥과 보의 배치는 건축평면계획과 잘 조화되도록 하며, 보깊이를 결정할 때는 기둥간격 외에 층고와 설비계획도 함께 고려한다.

(3) 지진하중이나 풍하중 등 수평하중에 저항하는 구조요소는 평면상 균형뿐만 아니라 입면상 균형도 고려한다.

0103.3 구조계획

소규모 건축물의 건축계획 초기단계부터 적절한 구조계획을 하여 시행착오를 줄일 수 있도록 하여야 한다. 소규모 건축물의 안전성 확보를 위해서는 일반 건축물과 마찬가지로 용도, 구조재 및 강도, 하중, 구조형식 등 모든 요소를 고려하여 설계하여야 한다. 또한 건축물의 규모가 작아 지반조사를 시행하지 않을 가능성이 크므로 기존 지반조사를 참고하여 지반특성을 파악하는 것이 매우 중요하다. 구조계획은 건축계획을 적절히 반영하여야 하며 보와 기둥이 안전한 크기를 확보하고 적절하게 배치되어야 한다. 횡력을 고려하여 입

(4) 구조형식이나 구조재료를 혼용할 때는 강성이나 내력의 연속성에 유의하며, 사용성에 영향을 미치는 진동과 변형도 검토한다.

0103.4 구조설계도 작성

소규모 건축물의 구조설계도는 구조평면도와 부재의 단면 및 접합부 상세를 명확히 표현하며, 이 지침의 내용에는 포함되지 않았으나 구조실험이나 경험 등으로 구조안전이 확인된 관련 상세까지도 표현하여 구조설계 취지에 부합하도록 작성해야 한다. 구조설계도에 포함할 내용은 다음과 같다.

(1) 적용한 구조기준 또는 구조지침
(2) 활하중 등 설계하중
(3) 구조재료강도
(4) 구조부재의 크기 및 위치
(5) 철근과 앵커의 규격, 설치 위치
(6) 철근정착길이, 이음의 위치 및 길이
(7) 기둥중심선과 오프셋, 워킹 포인트
(8) 접합의 유형
(9) 부구조체의 시공상세도 작성에 필요한 경우 상세기준
(10) 기타 구조시공상세도 작성에 필요한 상세와 자료
(11) 설계자, 자격명 및 소속회사명, 연락처
(12) 구조설계 연월일

면 및 평면상의 균형도 잘 이루어지도록 구조계획을 하여야 한다.

0103.4 구조설계도 작성

소규모 건축물의 구조설계도에는 일반 건물의 구조와 동일하게 실제로 구조를 검토한 구조평면도, 단면 및 접합상세도가 포함되어 있어야 한다. 건축물의 구조적 성능은 규모와는 무관하게 중력하중에 대한 능력, 내풍, 내진 능력을 갖추어야 모든 하중에 대해 안전하다. 따라서 규모와 무관하게 소규모 건축물의 골조해석·부재설계를 수행하여 힘의 흐름과 응력상태를 파악하고 이에 근거하여 구조설계도에 작성하여야 한다. 일반적으로 정확한 구조해석, 구조기술자의 경험적 직관, 관행 등을 반영하여 구조설계도를 작성하며 구조설계도에는 시공자 및 제작자·설치자가 구조시공상세도를 작성하는데 필요한 충분한 상세와 자료를 포함하여야 한다. 소규모 건축물의 구조설계도에도 일반적인 건축물과 마찬가지로 충분한 하중저항 능력을 갖기 위해서는 필요한 내용을 갖추고 있어야 한다.

0104 각종 검사와 실험 및 구조재료의 성능검증

소규모 건축물의 구조설계에 적용한 재료 및 제작물 등의 품질확인, 성능검증의 절차 및 방법에 관하여 검사와 실험 및 구조재료의 성능검증이 필요한 경우 건축구조기준 제2장에 따른다.

0104.1 구조재료

소규모 건축물의 구조설계 및 시공에 적용하는 레미콘, 철근, 형강, 강판, 벽돌 등의 구조재료는 KS 표시인증을 취득한 제품의 사용을 원칙으로 하며, 소규모 건축물의 내진성능 향상을 위하여 건축구조용 또는 내진성능이 향상된 KS 제품의 사용을 권장한다.

0104 각종 검사와 실험 및 구조재료의 성능검증

품질이 저급한 철강 제품, 시멘트, 철근 등의 품질관리와 공장과 현장에서의 품질 관리를 위해 필요한 경우 건축구조기준에 의해 실험할 수 있다. 소규모 건축물에 사용되는 구조재료가 저급한 것으로 판단되는 경우 일반건물과 동일한 성능실험이 필요하다.

0104.1 구조재료

건축물의 안전성, 사용성, 내구성 확보를 위해서는 적절한 품질 및 성능을 확보한 구조재료의 사용이 필수적으로 요구된다. 하지만 구조재료의 성능을 비전문가가 별도의 시험 없이 평가하기는 불가능하므로 소규모 건축물의 설계 및 시공에 사용되는 모든 구조재료는 KS 표시인증을 취득한 제품으로 한정하여 간단히 제품의 시험성적서 또는 KS 인증서 확인만으로도 적절한 수준의 재료 성능을 확보하는 것이 바람직하다.

그리고 최근 건축구조용 또는 구조물의 내진성능 향상에 기여할 수 있는 성능이 규정된 KS 규격 재료들이 개발・보급되어 있다. 이러한 재료들을 사용할 경우 기존의 구조재료들에 비하여 구조물의 비탄성 변형 능력, 강도의 신뢰성, 용접성능 등의 향상을 기대할 수 있다. 이에 이 지침에서는 이러한 KS 제품의 적용을 권장하고 있다. 구조재료에 대한 KS 규격은 www.standard.go.kr의 규격 검색에서 확인할 수 있다.

지침

0105 구조안전의 확인

소규모 건축물이 안전한 구조를 갖기 위해서는 설계 단계에서부터 시공, 감리 및 유지·관리단계에 이르기까지 이 지침에 적합하여야 한다.

해설

0105 구조안전의 확인

소규모 건축물도 일반 건축물과 마찬가지로 건축법 제48조 [구조내력 등]①항 "건축물은 ~ 안전한 구조를 가져야" 하며 ③항에서 이를 위한 구조내력의 기준 등 필요한 사항은 국토해양부령으로 정하도록 위임받아 소규모 건축물 구조설계기준으로 고시한 것이다. 또한, 이 지침은 건축법 제23조 [건축물의 설계], 제24조 [건축시공], 제25조 [건축물의 공사감리] 및 제35조 [건축물의 유지·관리] 등에서 제48조의 규정에 적합하도록 하고 있다. 이 지침은 설계, 시공, 감리 및 유지·관리단계까지 소규모 건축물의 구조안전을 확보·확인하기 위하여 적용하여야 한다.

제 2 장

적용범위

제2장 적용범위

0201 일반사항

(1) 건축법 등에 따라 건축하거나 대수선 및 유지·관리하는 건축물 중 층수가 2층 이하이고 연면적 500m^2 미만인 소규모 건축물은 이 지침을 따를 수 있다.

(2) 위 (1)에 해당하는 소규모 건축물일지라도 건축물의 용도와 설계하중 및 건축구조의 형상에 따라 이 지침의 적용이 제한되는 소규모 건축물의 구조설계는 국토해양부 고시 건축구조기준에 따른다.

0201 일반사항

(1) 이 지침에서는 소규모 건축물의 범위를 층수가 2층 이하이고 연면적 500m^2 미만으로 하였다. 이는 연면적이 커질수록 평면과 입면형태가 복잡해질 수 있고 안전성과 경제성을 위하여 정밀한 구조설계가 요구되므로 이 지침의 적용범위를 500m^2 미만으로 제안하였다. 이 장에서 규정하는 적용범위 내에 있는 소규모 건축물은 이 지침을 따라 설계할 수 있다. 그러나 이 장에서 규정한 범위를 벗어난 건축물은 소규모 건축물이라고 하여도 이 지침을 적용할 수 없으며 건축구조기준을 따라 설계하여야 한다.

(2) 이 지침은 사용자의 편의를 위하여 매우 간략화한 방법을 제시하고 있다. 이러한 간략방법을 모든 소규모 건축물에 적용할 수 있도록 만드는 것은 사실상 불가능하므로 이 지침을 적용할 수 있는 소규모 건축물은 하중, 구조물의 형상, 지하층의 위치, 하중, 면적, 층고 등 일정한 범위 내로 한정하여 적용할 수 있도록 하였다. 또한 이 지침에서 소규모 건축물에 작용하는 하중은 통상적인 것으로 하였으며 지하층의 토압 및 수압도 일반적으로 적용될 수 있는 범위로 하였다. 이 범위를 벗어나는 하중이나 지하층을 가진 소규모 건축물은 건축구조기준에 따라 구조설계를 수행하여야 한다.

0202 건축물의 용도에 따른 적용제한

다음의 용도에 해당하는 건축물에는 이 지침을 적용할 수 없다.

(1) 위험물 저장 및 처리시설
(2) 국가 또는 지방자치단체의 청사 · 외국공관 · 소방서 · 발전소 · 방송국 · 전신전화국
(3) 아동관련시설 · 노인복지시설 · 사회복지시설 · 근로복지시설
(4) 학교
(5) 병원 및 의료시설
(6) 중량물 저장고
(7) 공장 등 산업시설
(8) 기타 이 지침의 적용이 부적합한 건축물

0202 건축물의 용도에 따른 적용제한

건축구조기준의 내진설계에서는 건축물의 중요도를 용도 및 규모에 따라 중요도(특), 중요도(1), 중요도(2), 중요도(3) 등 4가지로 분류하고 있다. 중요도가 높을수록 더 큰 안전성을 요한다. 이 지침은 통상적인 소규모 건축물에 적용하기 위한 것으로 소규모 건축물에 해당하여도 중요도(특)와 중요도(1)에 해당하는 건물에 대해서는 이 지침을 적용할 수 없다. 중요도(특)와 중요도(1)에 해당하는 건축물에 대해서는 건축구조기준을 적용하여 설계하여야 한다.

0203 설계하중에 따른 적용제한

이 지침은 다음과 같은 설계하중조건의 건축물에만 적용한다.

(1) 2층 바닥과 지하층이 있는 부분의 1층 바닥의 고정하중은 주거용도 5.5kN/m^2 이하, 기타 용도 4.5kN/m^2 이하이며, 지붕층 바닥의 고정하중은 6.5kN/m^2 이하인 건축물

(2) 1층과 2층 바닥의 활하중은 5.0kN/m^2 이하인 건축물. 다만, 주거용도로 활하중이 2.0kN/m^2 이하인 바닥에는 조적벽의 바닥면적 환산하중은 2.0kN/m^2

0203 설계하중에 따른 적용제한

(1) 이 지침의 고정하중은 일반적인 바닥을 대상으로 콘크리트 슬래브 및 각종 마감재의 단위중량을 고려하여 산정하였다. 이 지침에서 적용한 고정하중의 예시는 다음과 같다. 다른 마감상태의 경우에는 다음에 예시한 하중보다 작은 경우에 그대로 적용할 수 있다.

기준층(주거용)

패널 히팅	t=120mm	1.6 kN/m^2
슬래브	t=150mm	3.6 kN/m^2
천장재		0.3 kN/m^2
합계		**5.5 kN/m^2**

기준층(근린생활시설)

바닥마감		0.6 kN/m^2
슬래브	t=150mm	3.6 kN/m^2
천장재		0.3 kN/m^2
합계		**4.5 kN/m^2**

지붕층

무근콘크리트	t=100mm	2.0 kN/m^2
방수 및 보호 모르타르	t=30mm	0.6 kN/m^2
슬래브	t=150mm	3.6 kN/m^2
단열재+천장재		0.35 kN/m^2
합계		**6.55 kN/m^2**

마감재의 구성이 다르더라도 고정하중의 합계가 위의 값보다 작은 경우에는 이 지침을 적용할 수 있다. 이 지침에서 규정한 바닥 고정하중을 초과하면 중력하중과 지진하중이 증가하여 이 지침을 적용할 수 없다. 따라서 바닥 고정하중이 증가하거나 벽체하중이 이 지침을 초과할 경우 건축구조기준에 따라 구조설계를 하여야 한다.

(2) 각층 바닥의 활하중은 그 용도에 따라 달라지는데 건축구조기준 0303.2의 등분포활하중을 참고하여 2층 바닥은 판매장의 활하중을 적용하였다. 조적벽 하중은

지침	해설
이하인 건축물	주거용 바닥의 활하중 2.0kN/m²을 제외하고 등분포되어 있는 것으로 가정하고 환산 바닥하중과 지진하중에 대해 검토하여 제한하였다. 조적벽의 바닥면적 환산하중은 조적벽의 층고를 고려한 총 중량을 해당 바닥면적으로 나눈 값이다. 참고로 건축구조기준에서 규정하는 용도별 활하중은 다음과 같다.

〈표 0303.2.1〉
기본등분포활하중(단위 : kN/m²) – 출처 『건축구조기준』

용 도		구조물의 부분	활하중
1	주 택	가. 주거용 구조물의 거실, 공용실, 복도	2.0
		나. 공동주택의 발코니	3.0
2	병 원	가. 병실과 해당 복도	2.0
		나. 수술실, 공용실과 해당 복도	3.0
3	숙박시설	가. 객실과 해당 복도	2.0
		나. 공용실과 해당 복도	5.0
4	사무실	가. 일반 사무실과 해당 복도	2.5
		나. 로비	4.0
		다. 특수용도 사무실과 해당 복도	5.0
		라. 문서보관실	5.0
5	학 교	가. 교실과 해당 복도	3.0
		나. 로비	4.0
		다. 일반 실험실	3.0
		라. 중량물 실험실	5.0
6	판매장	가. 상점, 백화점 (1층 부분)	5.0
		나. 상점, 백화점 (2층 이상 부분)	4.0
		다. 창고형 매장	6.0
7	집회 및 유흥장	가. 로비, 복도	5.0
		나. 무대	7.0
		다. 식당	5.0
		라. 주방 (영업용)	7.0
		마. 극장 및 집회장 (고정식)	4.0
		바. 집회장 (이동식)	5.0
		사. 연회장, 무도장	5.0
8	체육시설	가. 체육관 바닥, 옥외경기장	5.0
		나. 스탠드 (고정식)	4.0
		다. 스탠드 (이동식)	5.0
9	도서관	가. 열람실과 해당 복도	3.0
		나. 서고	7.5

지침

(3) 지붕의 활하중은 1.0kN/m^2 이하이고 적설하중이 이를 초과하지 않는 건축물

(4) 유체 및 용기 내용물에 의한 횡하중이 작용하지 않는 건축물

(5) 지하층이 없을 경우 편심 횡토압 및 편심 횡수압이 작용하지 않는 건축물

해설

〈표 0303.2.1〉 계속

용 도			구조물의 부분	활하중
10	주차장	옥내 주차구역	가. 승용차 전용	3.0
			나. 경량트럭 및 빈 버스 용도	8.0
			다. 총중량 18톤 이하의 트럭, 중량차량[1] 용도	12.0
		옥내 차로와 경사차로	가. 승용차 전용	3.0
			나. 경량트럭 및 빈 버스 용도	10.0
			다. 총중량 18톤 이하의 트럭, 중량차량[1] 용도	16.0
		옥외	가. 승용차, 경량트럭 및 빈 버스 용도	12.0
			나. 총중량 18톤 이하의 트럭, 중량차량[1] 용도	16.0
11	창 고		가. 경량품 저장창고	6.0
			나. 중량품 저장창고	12.0
12	공 장		가. 경공업 공장	6.0
			나. 중공업 공장	12.0
13	지 붕		가. 점유·사용하지 않는 지붕(지붕활하중)	1.0
			나. 산책로 용도	3.0
			다. 정원 및 집회 용도	5.0
			라. 헬리콥터 이착륙장	5.0
14	기계실		공조실, 전기실, 기계실 등	5.0
15	광 장		옥외광장	12.0

1) 18톤 이상 차량의 설계하중은 실제 차량중량을 고려하여 하중 크기를 정해야 한다.

(3) 소규모 건축물 지붕의 활하중은 1.0kN/m^{2}을 기준으로 하였다. 이 활하중을 적용하면 대부분의 지역에서 발생하는 적설하중은 문제가 되지 않으나 일부 지역, 즉 강릉, 속초, 울릉도, 대관령 등 다설지역에서는 적설하중이 이 활하중을 초과한다. 따라서 이 지역에 건설되는 소규모 건축물은 건축구조기준에 의해 구조설계를 수행하여야 한다.

(4) 소규모 건축물에 유체 혹은 용기 내용물에 의한 횡하중이 작용하는 경우 설계변수가 매우 다양하므로 이 지침에서는 제외하였다. 유체 혹은 용기 내용물에 의한 횡하중을 받는 소규모 건축물은 별도로 건축구조기준에 의해 구조설계를 수행하여야 한다.

(5) 지하층이 없는 소규모 건축물에 대지의 높이 차이로 인해 편심 횡토압이나 편심 횡수압이 작용하면 높

지침

해설

이 차이에 따라 발생하는 횡토압 혹은 횡수압이 매우 다양하여 표준화하기 어렵다. 또한 지하층이 없는 소규모 건축물에 횡토압이나 횡수압이 작용할 경우 건물의 안정성에도 문제가 될 수 있다. 따라서 횡토압이나 횡수압이 작용하는 소규모 건축물은 건축구조기준에 의해 구조설계를 수행하여야 한다.

0204 건축구조의 형상에 따른 적용제한

이 지침은 다음과 같은 구조형상의 건축물에만 적용한다.

(1) 2층 건물의 경우 입면상 2층의 돌출한 부분의 수평치수는 1.5m 이하이어야 한다. 이를 그림으로 나타내면 [그림 0204.1]과 같다.

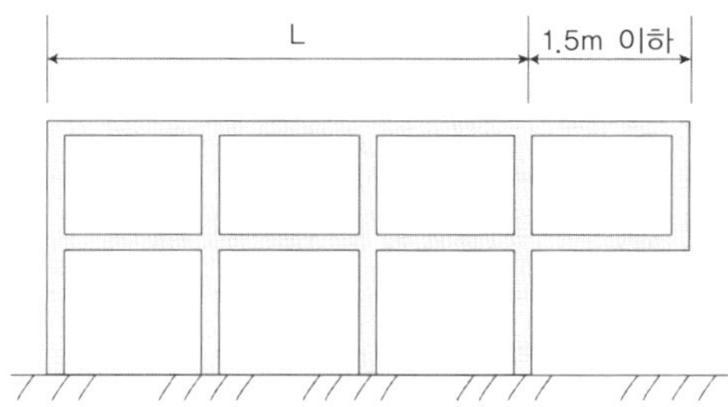

[그림 0204.1] 소규모 건축물의 수직 비정형 제한 예시

(2) 모든 기둥은 수직으로 연속되어야 하며, 기둥에 배치되는 철근과 강재도 연속되거나 긴결하여야 한다.

(3) 2층이 있는 경우, 모든 기둥의 단면 크기는 1층의 크기가 2층의 크기보다 크거나 같아야 한다.

(4) 지하층이 있는 경우 지하층의 평면 크기는 지상 1층 평면과 같거나 작아야 하며 층수는 1개 층이어야 한다.

0204 건축구조의 형상에 따른 적용제한

(1) 건축물은 평면의 비정형성과 수직 비정형성에 의해 건축물에 유해한 응력이 발생할 수 있다. 평면비정형은 횡력에 의해 비틀림 응력이 발생하게 할 수 있고 수직 비정형은 층지진력의 분포가 통상적이지 않거나 하중경로의 불연속으로 응력집중을 발생하게 할 수 있으므로 반드시 고려해야 한다. 그러나 소규모 건축물은 2층 이하이고 연면적 500m^2 미만이므로 다양한 수직, 수평 비정형성에 대해 검토한 결과 비정형성의 영향은 크지 않은 것으로 나타났다. 즉 소규모 건축물에 대해서는 일반적인 건물에서 적용하는 비정형성을 고려하지 않아도 좋으나 캔틸레버 부위가 1.5m 이상인 경우 구조물의 수직 정형성에 문제가 발생하므로 이 지침을 적용할 수 없다. 이러한 점을 고려하여 그림 0204.1캔틸레버의 수평치수를 1.5m로 제한하였다. 1.5m를 초과하면 이 지침을 적용할 수 없다.
이 지침의 비정형성을 벗어나는 소규모 건축물은 건축구조기준에 따라 구조설계하여야 한다.

(2) 이 지침을 적용하는 소규모 건축물은 1층 기둥과 2층의 기둥이 평면상에서 어긋남이 없이 동일 지점에 위치하고 연속하여야 한다. 수직부재가 어긋날 경우 편심, 응력의 흐름 등이 달라져 별도의 해석을 필요로 하므로 건축구조기준에 따라 구조설계하여야 한다.

(4) 지하층의 평면 크기가 지상층보다 크면 고려해야 할 설계변수가 너무 많으므로 지하층의 평면 크기는 1층과 동일하거나 작은 것으로 제안하였다. 지하층이 지상층의 바깥으로 돌출할 경우 건물 외부 지하층이 지하수위로 인해 큰 부상력을 받을 수 있고, 돌출된 지하실 상부의 용도에 따라 하중이 증가할 수 있다.

(5) 모든 구조용 벽체는 수직으로 연속되어야 하며, 벽체에 배치되는 철근도 연속되거나 긴결하여야 한다.

(5) 어긋남이 있을 경우 응력의 흐름이 복잡해져 별도의 응력해석을 수행하여야 하므로 1층 구조벽체와 2층의 구조벽체가 평면상에서나 입면상에서 어긋남이 없이 한다. 따라서 이 지침을 적용하는 소규모 건축물은 기본적으로 수직부재의 어긋남이 없어야 한다. 단, 이 조항은 구조벽체에만 해당되고 칸막이벽 등의 비구조용 벽체에는 해당되지 않는다.

[해 그림 0204.1] 구조벽체의 입면상 어긋남 판단 예

(6) 모든 기둥, 보, 벽체, 슬래브, 계단실은 사용구조재료의 특성과 상세에 맞도록 적절한 방법으로 긴결하여야 한다.

제 3 장

콘크리트구조

제3장 콘크리트구조

0301 일반사항

소규모 철근콘크리트조 건축물이 이 지침에서 제시하는 적용 조건을 만족하고, 적용상 문제가 없는 경우에는 이 장에서 제시하는 지침에 따라 설계할 수 있다.

0301 일반사항

(1) 규모가 2층 이하, 500m^2 미만이고 제2장에서 제시한 적용 조건을 만족하는 철근콘크리트구조 소규모 건축물에 대해 정밀한 구조해석 없이 이 장에서 제시하는 설계과정을 따르면 구조안전성이 확보될 수 있도록 하였다. 건축구조기준은 내용이 방대하고 복잡하여 구조 분야의 전문지식을 필요로 하므로 보다 쉽게 적용할 수 있도록 소규모 철근콘크리트 건축물을 대상으로 간편하게 설계할 수 있도록 하였다. 그러나 건물의 형태나 설계조건에 따라 비경제적이거나 불합리한 설계가 될 수도 있으므로 건축주와 설계자는 적절히 판단하여 필요한 경우 구조전문가의 협력을 받는 것이 보다 경제적이고 합리적일 수 있다.

지침

0302 적용조건

제2장의 적용범위와 다음 조건을 모두 만족하여야 한다.

(1) 건물높이는 8m 이하, 한 개 층의 층고는 4m 이하이어야 한다.

(2) 연속한 2개의 기둥경간은 평균 6m 이하이고 최대경간은 6.5m 이하이어야 한다.

(3) 슬래브를 지지하는 평행한 보 사이의 배치간격은 3.5m를 초과하지 않아야 한다.

(4) 지반의 종류는 지표면으로부터 상부 30m에 대한 평균 지반특성이 매우 조밀한 토사지반 또는 연암지반 이상이어야 한다. 이 조건을 만족하지 않는 지반

해설

0302 적용조건

(1) 이 지침에서의 제한사항은 일반적으로 건설되는 소규모 건축물의 규모 및 층고에 근거하여 건물의 층고, 경간, 보 간격 등을 규정하였다. 층고가 4m를 초과하면 바람이나 지진과 같은 횡하중에 대해 건물의 횡변형이 증가하고 이로 인해 보 및 기둥의 강도와 강성을 증가시켜야 하며, 강도와 강성의 증가는 부재의 크기 및 배근 증가를 초래한다. 실제 소규모 건축물 대부분의 층고가 4.0m 이내임을 고려할 때 4.0m보다 큰 경우까지 적용 대상에 포함시키면 4.0m 이하인 대부분 건물의 경제성을 저하시킨다. 이러한 이유로 층고 4.0m 이하를 적용 대상으로 하였다.

(2) 기둥의 경간은 보의 크기에 직접적으로 영향을 미치는 요소로 경간이 길어지면 기둥의 하중이 증가하여 기둥과 기초의 크기가 증가한다. 소규모 철근콘크리트 건축물 기둥의 경간은 대체로 6.0m 이하로 판단되며, 이 지침에서도 연속한 2개 경간은 평균 6.0m, 최대 6.5m까지 적용 가능하도록 하였다. 또한 기둥경간이 6.5m를 초과하여 인접경간과 차이가 크면 기둥 단면에 불균형 휨모멘트가 커지게 되어 기둥의 단면 크기 또는 배근량을 증가시키는 요인이 된다. 따라서 소규모 건축물에 일반적으로 적용 가능한 경간을 대상으로 단면을 제시하고자 하였다.

(3) 보의 배치간격은 보의 중심간 거리를 의미하며 보의 단면 크기 및 배근량뿐만 아니라 슬래브의 두께 및 배근에 직접적으로 영향을 미친다. 보의 배치간격을 최대 3.5m로 제한한 것은 기둥의 허용 최대경간이 6.5m이기 때문에 기둥 중간에 작은보를 1개 배치할 경우 보의 간격은 3.25m가 되며, 약간의 편심배치가 될 경우를 고려하여 최대 3.5m까지 허용한 것이다.

(4) 지진에 대한 건축물의 구조적 거동은 건축물이 위치한 지반의 성질에 따라 상당한 차이가 발생한다. 지표면으로부터 상부 30m까지의 평균 지반특성은 지반조사 결과로부터 파악할 수 있는 사항으로 소규모 건축

지침

에는 0312 중간모멘트골조의 내진상세를 적용하여야 한다. 다만, 매립지역이거나 연약한 토사지반일 때는 이 지침을 적용할 수 없다.

(5) 기둥식 무량판구조에는 적용할 수 없다.

(6) 캔틸레버보의 내민길이는 1.5m 이하이어야 하며, 기둥에서 돌출시켜야 한다.

해설

물도 지반조사를 실시하는 것이 바람직하다. 다만, 지반의 특성은 인접지반의 조사 결과를 참고하여 판단할 수 있다. 지반조사 결과가 없어 지반상태에 대한 판단이 불가능한 경우 중간모멘트골조의 내진상세를 적용하여 내진성능을 향상시키는 것이 구조적 안전성을 더 확보할 수 있다. 다만, 연약지반이거나 매립지역인 경우에는 지진하중이 크게 증가하기 때문에 이 장에서 제시하는 지침을 적용할 수 없으며 건축구조기준에 따라 구조 분야 전문가의 협력을 받아 설계하여야 한다.

(5) 이 장에서 제시하는 지침은 보-기둥으로 구성된 골조형식의 건축물에 적용할 수 있는 것으로서 조적식구조와 콘크리트조의 혼합구조 또는 보가 없는 무량판구조에는 적용할 수 없다.

지침

0303 재료 및 규격

0303.1 콘크리트

(1) 시멘트는 한국산업규격(KS L 5201, 5205, 5210, 5211, 5217, 5401)에 규정한 것과 같거나 또는 이와 동등 이상의 것을 사용하여야 한다.

(2) 골재의 품질과 크기는 다음의 규정에 따라야 한다.

① 골재는 한국산업규격(KS)에 규정한 것과 같거나 또는 이와 동등 이상의 것을 사용하여야 한다.

② 골재는 적당한 경도나 입도를 가지며 깨끗하고 내구성이 있는 것으로 점토덩어리, 유기물, 세장석편 등의 해로운 물질을 포함하지 않아야 한다.

③ 굵은골재의 공칭 최대 치수는 다음 값을 초과하지 않아야 한다.

(가) 거푸집 양 측면 사이의 최소 거리의 1/5

(나) 슬래브 두께의 1/3

(다) 개별 철근 사이 최소 순간격의 3/4

(3) 콘크리트를 제조할 때 사용되는 물은 청정한 것으로서 일반적으로 산, 기름, 알칼리, 염분, 유기물, 그리고 콘크리트 및 철근에 유해한 물질을 포함하지 않아야 한다.

해설

0303 재료 및 규격

0303.1 콘크리트

(1) 시멘트 사용 목적에 따라 보통, 중용열, 조강, 저열 및 내황산염과 같이 5종류로 구분되며, 그 품질은 KS L 5201의 규정에 따르는 것을 원칙으로 한다. 또한, 혼합시멘트로 고로 슬래그 시멘트, 플라이애시 시멘트, 포틀랜드 포졸란 시멘트를 사용할 수 있으며, 특수한 목적을 위해 내화용 알루미나 시멘트, 마그네시아 단열시멘트, 석면 단열시멘트, 팽창성 수경시멘트 등을 책임기술자의 지시에 따라 사용할 수 있다. 여기서 조금이라도 굳어진 시멘트를 사용해서는 안 된다.

(2) ① 콘크리트용 골재에는 강모래, 강자갈, 부순자갈과 같은 천연골재와 플라이애시, 점토 등을 소성·팽창시킨 인공경량골재로 구분된다. 이들의 품질은 국토해양부 제정「콘크리트 표준시방서」의 규정을 만족해야 한다.

② 골재의 품질은 한국산업규격에 따르는 골재라 해도 항상 모든 성능을 만족하는 것은 아니며, 비규격재료라 하더라도 만족할만한 성능 근거가 제시된다면 특별히 허용할 수 있다. 그러나 가능하면 관련공사 시방서에 따르는 골재를 사용해야 한다. 즉 KS F 2526, KS F 2527, KS F 2534, KS F 2543, KS F 2544, KS F 2573에 규정된 품질로 하여야 한다.

③ 굵은골재 최대치수를 제한하는 목적은 철근과 철근, 철근과 거푸집 사이로 공극 없이 콘크리트가 밀실하게 채워지도록 하기 위한 것이다. 철근의 순간격은 이 장의 0305.2에 규정되어 있다.

(3) 배합수에 불순물이 많으면 응결시간, 콘크리트강도, 체적변화(길이)에 영향을 미칠 뿐만 아니라 풍화현상이나 철근 부식을 일으킬 수 있다. 가능하면 고농도의 불용해 물질을 포함하는 물은 피하여야 한다. 골재나 혼화재로부터 나온 염이나 유해한 물질은 제한되어야 하며, 철근 등에 유해할지도 모를 전체 불순물의 허용

값도 미리 조사되어야 한다. 해수는 철근의 부식을 촉진시키며, 특히 습기가 많은 환경이나 따뜻한 환경에서는 부식을 더욱 촉진시킨다.

(4) 콘크리트의 설계기준압축강도는 21MPa 이상이어야 한다.

(5) 콘크리트는 설계기준강도에 맞도록 골재 및 시멘트의 배합비와 물 및 시멘트의 배합비를 정하여 배합하여야 한다.

(4)(5) 콘크리트 설계기준압축강도는 대상 건축물의 규모가 소규모인 점을 고려하고 경제적인 부담을 최소화하기 위해 21MPa 이상으로 제한하였다. 콘크리트강도는 공시체를 제작한 후 압축강도시험을 통해 확인해야 하며, 콘크리트 공시체의 제작 및 양생방법은 KS F 2403에 따라야 한다.

(6) 콘크리트공사는 타설한 후 습윤상태로 노출면이 마르지 않도록 하여야 하며 수분 증발에 따라 살수하여 습윤상태로 보호하여야 한다. 습윤양생은 15℃ 이상에서는 5일간, 10℃ 이상에서는 7일간, 5℃ 이상에서는 9일간 실시하여야 한다.

(7) 거푸집널의 해체는 압축강도를 시험할 경우 기초, 보, 기둥, 벽 등의 측면은 5MPa 이상, 슬래브 및 보의 밑면은 설계기준강도의 2/3배 이상 혹은 14MPa이어야 한다. 압축강도시험을 하지 않을 경우 기초, 보, 기둥의 측면 거푸집은 20℃ 이상에서는 4일, 10℃ 이상 20℃ 이하에서는 6일이 경과한 후 해체할 수 있다. 슬래브, 보의 하부 거푸집은 6일이 경과한 후 해체할 수 있으며 동바리는 최소 14일간 유지하여야 한다.

(6)(7) 콘크리트의 시공 및 거푸집의 해체는 원칙적으로 건축공사표준시방서에 따른다.

0303.2 철근

(1) 모든 철근은 KS D 3504에 따른 KS 인증을 취득한 이형철근으로 SD400(공칭항복강도 400MPa) 또는 SD500(공칭항복강도 500MPa) 철근을 사용한다.

0303.2 철근

(1) 철근, 철선 및 용접철망의 품질, 형상, 치수는 KS D 3504, KS D 3552와 KS D 7017의 각 규격에 적합하여야 한다.

모든 철근의 공칭항복강도를 400MPa 이상으로 제한한 이유는 고강도철근의 사용으로 소요철근량을 최소화하기 위한 것이다. 이 지침에서 제시하는 철근은 항복강도 400MPa의 SD400 철근을 기준으로 한 것이다. 소규모 건축물에 사용하는 철근의 품질을 실험에 의해 확인하기가 현실적으로 어려우므로 철근의 KS 제품 여부와 품질확인서를 확인하는 것이 중요하다. 일반적으로 슬래브나 보, 기둥 및 기초의 휨 주철근은 철근의 항복강도가 높으면 그 항복강도비 만큼 정착 및 이음길이는 증가하고 소요철근량은 감소한다. 따라서 SD500 철근을 사용할 경우에는 이 지침에서 제시하는 소요철근량의 80%로 감소시켜 적용할 수 있다. 다만, 이 경우에는 철근의 정착 및 이음길이를 이 지침에서 규정하고 길이를 25% 증가시켜야 하고, 철근의 간격제한사항은 만족시켜야 한다.

(2) 보, 기둥의 주철근은 D16 이상을 사용하여야 한다.

(3) 슬래브와 벽체에 사용되는 철근과 보, 기둥의 전단철근 및 횡보강철근은 D10 이상, D16 이하의 철근을 사용하여야 한다.

(4) 철근의 표면에는 부착을 저해하는 흙, 기름 또는 비금속 도막이 없어야 한다.

(2) 보와 기둥의 주철근 직경을 제한한 이유는 주철근 직경 및 소요개수에 따른 부재 단면의 크기를 일정한 크기 이상으로 유지하기 위함이다.

0304 설계도서

(1) 설계도에는 모든 부재의 크기, 단면, 상대적인 위치 등을 정확히 표현하여야 한다. 또한 바닥높이, 기둥중심 및 요철부의 치수 등을 표시하여야 한다.

(2) 구조설계도서에는 공사에 필요한 주기사항을 포함하여야 하며 신속·정확하게 찾아볼 수 있도록 모든 관련 정보를 표현하여야 한다.

(3) 배근상세도에는 철근의 정착길이와 그 위치, 그리고 겹침이음의 길이, 철근의 기계적인 이음의 종류와 그 위치를 표현하여야 한다.

0304 설계도서

(1)(2)(3) 소규모 건축물도 일반 건물과 마찬가지로 안전한 구조물을 만들기 위해서는 0103에서 규정하는 구조설계가 필요하며 0103.4에서 규정하는 설계도가 필요하다. 이 지침을 적용하면 소규모 건축물의 골조해석, 부재 단면산정 과정을 수행하지 않아도 되므로 구조설계도서의 내용을 정확하게 표현하기 위한 최소사항을 기술한 것이다.

0305 피복두께 및 철근상세

0305.1 피복두께

철근을 덮는 콘크리트의 피복두께는 다음의 지침에 의한다.

(1) 수중에서 치는 콘크리트 : 100mm

(2) 흙에 접하여 콘크리트를 친 후 영구히 흙에 묻혀 있는 콘크리트 : 80mm

(3) 흙에 접하거나 옥외의 공기에 직접 노출되는 콘크리트

① D16 초과 D25 이하의 철근 : 50mm

② D16 이하의 철근 : 40mm

(4) 옥외의 공기나 흙에 직접 접하지 않는 콘크리트

① 슬래브, 벽체 : 20mm

② 보, 기둥 : 40mm

0305 피복두께 및 철근상세

0305.1 피복두께

피복두께는 기후나 기타 외부 환경으로부터 철근을 보호하기 위한 규정으로 콘크리트 표면부터 철근의 가장 바깥면까지 최단거리이다. 횡철근이 주철근을 감싸고 있는 경우에는 콘크리트 표면에서 스터럽, 띠철근 또는 나선철근의 바깥면까지의 최단거리이고, 그렇지 않은 경우에는 가장 외단에 배치된 철근 표면까지 최단거리이다.

"옥외의 공기에 직접 노출되는 콘크리트"란 콘크리트가 온도변화뿐만 아니라 습도변화에 직접 노출된 경우를 말한다. 슬래브 또는 얇은 쉘의 밑면은 액화상태 또는 노출된 상부 표면으로부터 직접적인 누수, 누출, 유사한 영향으로 건습상태가 반복적으로 발생하지 않으면 직접 노출되는 콘크리트로 보지 않는다.

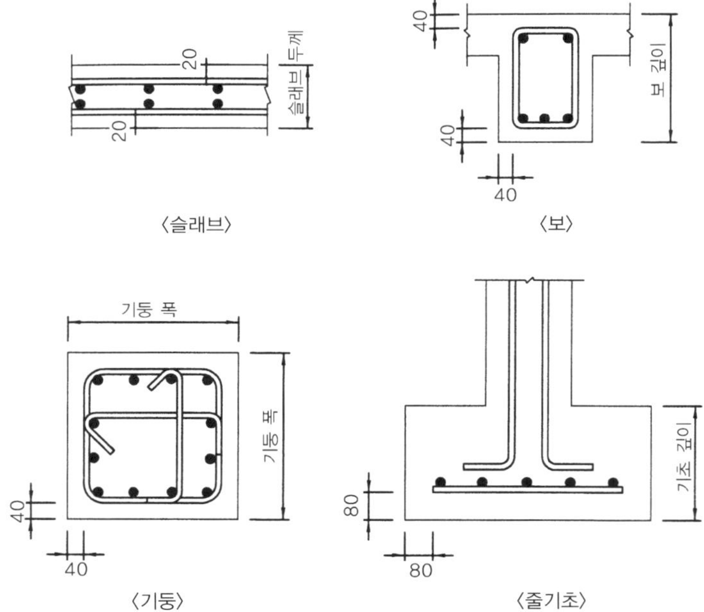

[해 그림 0305.1] 피복두께 예시

피복두께는 다음과 같은 목적을 위해 사용된다.
1) 철근의 부식방지
2) 철근의 내화
3) 철근의 부착
피복두께는 이 규정에서 제한하는 최소한의 기준을 만족해야 하지만 과다하면 구조부재의 내력이 감소하게 되므로 설계자는 적정한 피복두께를 제시하고 시공자는 정해진 피복두께 이하 또는 이상으로 시공해서는 안 된다.

0305.2 철근간격 제한

(1) 보, 슬래브, 벽체에서 철근 사이의 순간격은 25mm 이상, 철근공칭지름 이상 중 큰 값으로 하여야 한다.
(2) 기둥에서 축방향 철근의 순간격은 40mm 이상, 철근공칭지름의 1.5배 이상 중 큰 값으로 하여야 한다.
(3) 철근의 순간격에 대한 규정은 서로 접촉된 겹침이음 철근과 인접된 이음철근 또는 연속철근 사이의 순간격에도 적용하여야 한다.
(4) 벽체 또는 슬래브에서 휨 주철근의 간격은 벽체나 슬래브 두께의 3배 이하로 하여야 하고, 또한 450mm 이하로 하여야 한다.

0305.2 철근간격 제한

철근간격의 제한 규정은 철근과 철근, 철근과 거푸집 사이로 공극 없이 콘크리트를 쉽게 타설할 수 있고 또 철근이 어느 위치에 집중됨으로써 전단 또는 수축균열이 발생하는 것을 방지하기 위해 규정한 것이다. 최소 철근간격 규정은 철근의 "공칭지름"을 사용하여 모든 철근규격에 대해 통일된 척도를 제공하기 위한 것이다.

(4) 벽체 또는 슬래브의 최소 철근간격은 균열을 방지하기 위하여 필요한 철근의 단면적을 규정하는 조치로 철근강도에 관계없이 항상 유지하여야 한다. 즉 SD500 고강도 철근을 사용하는 경우에도 배근간격 제한값은 달라지지 않는다.

0305.3 철근상세

(1) 모든 보와 기둥 단면에는 각 코너에 각 1개씩 총 4개의 철근이 연속하여 배치되어야 한다.
(2) 보의 하부 길이방향 철근 2개 이상은 기둥 단면을 관통하여 연속되거나 또는 기둥단면 내에서 90도 갈고리로 정착하여야 한다.
(3) 보의 길이방향 철근이 외부기둥 또는 외부벽체에 정착하는 경우에는 90도 갈고리 정착을 사용하여

0305.3 철근상세

(1)(2) 보 하부 철근의 최소 2개를 기둥 단면 내로 연속되도록 규정한 것은 구조부재의 일체성을 확보하고 폭발, 붕괴 등과 같은 비정상하중이 작용했을 경우 보가 기둥으로부터 탈락되지 않도록 하기 위한 안전장치이다.
(3) 외부기둥 또는 외부벽체에 보의 철근이 갈고리 정착되는 위치에는 반드시 띠철근을 설치하여야 하며,

야 한다.

갈고리는 가능한 한 외부면에 가깝게 띠철근 내에 배치되어야 한다.

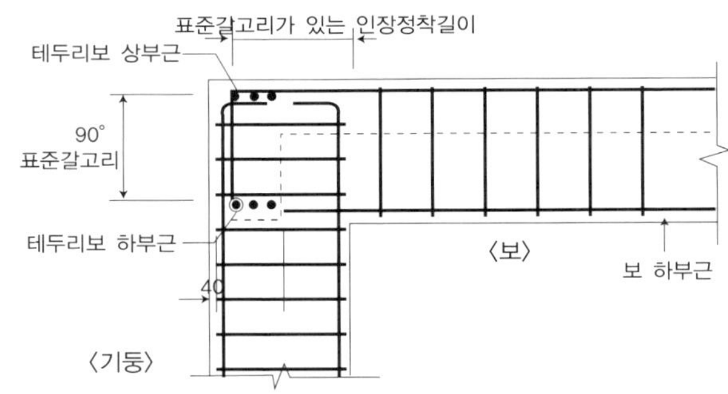

[해 그림 0305.2] 최상층 보-외부기둥 접합부 상세도

0305.4 철근의 정착 및 이음

0305.4.1 일반 정착 및 이음

(1) 철근이 필요한 지점으로부터 연장되는 철근의 정착길이는 D19 이하의 경우 철근직경의 45배, D22의 경우 철근직경의 50배를 사용하여야 한다. 슬래브, 벽체 및 계단의 철근은 철근직경의 35배로 감소시킬 수 있다.

(2) 보의 상부철근은 (1)에 정의한 정착길이에 1.3배를 곱한 길이로 하여야 한다.

(3) 철근의 겹침이음은 (1)에 정의한 정착길이에 1.3배를 곱한 길이로 한다.

(4) 필요한 경우 KS 실험방법에 의해 입증된 기계적 이음을 사용할 수 있으며, 용접이음은 사용할 수 없다.

0305.4.2 90도 표준갈고리 정착 (굽힘 정착)

[그림 0305.1]의 수평정착길이 l_{dh}는 철근직경의 25배 이상, 150mm 이상 확보되어야 하며, 보-기둥 접합부와 같이 횡철근이나 직각방향보에 의하여 횡구속되어 있는 영역에서는 철근직경의 20배 이상, 150mm 이상 확보하여야 한다. 갈고리 부분은 [그림 0305.1]에서 정의된 $12d_b$ 이상 확보하여야 한다.

0305.4 철근의 정착 및 이음

0305.4.1 일반 정착 및 이음

(1)(2) 철근의 정착 및 이음길이는 철근의 강도 및 직경, 콘크리트의 강도, 철근의 피복두께, 작용응력의 종류 및 크기 등 여러 요인에 따라 결정된다. 하지만 소규모 건축물의 건설환경을 고려하여 간략화하여 제안한 지침으로 건축구조기준에 따라 정밀하게 산정한 정착 및 이음길이 규정을 적용하여 감소시킬 수 있다.

(3) 기계적 이음은 철근의 설계기준 항복강도 f_y의 125% 이상을 발휘할 수 있는 완전 기계적 이음이어야 한다. 용접이음은 소규모 건축의 품질관리 현실을 고려하여 사용할 수 없도록 하였다.

0305.4.2 90도 표준갈고리 정착 (굽힘 정착)

철근의 정착길이는 직선철근 대신 표준갈고리를 이용하면 그 길이를 감소시킬 수 있다.

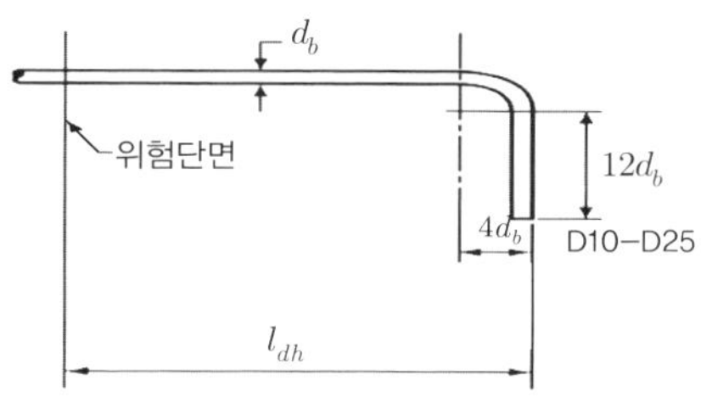

[그림 0305.1]
표준갈고리의 정착을 위한 갈고리철근 상세

00305.4.3 스터럽과 띠철근의 표준갈고리

스터럽과 띠철근의 표준갈고리는 90° 표준갈고리와 135° 표준갈고리로 분류되며, 구부림 내면 반지름은 $2\,d_b$ 이상으로 하며, 구부린 끝에서 $6\,d_b$ 이상 더 연장하여야 한다.

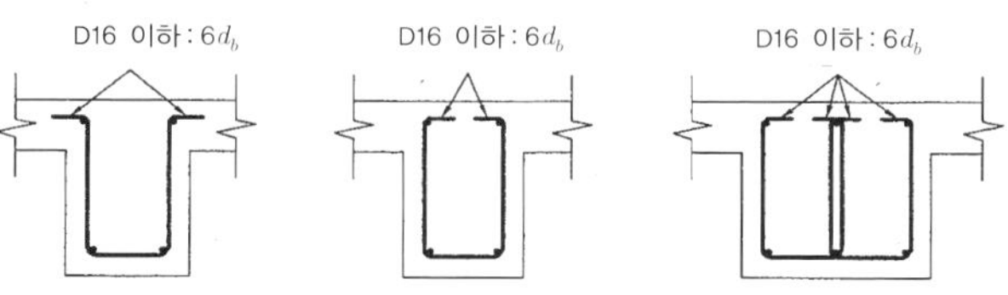

(a) 개방형 스터럽 형태

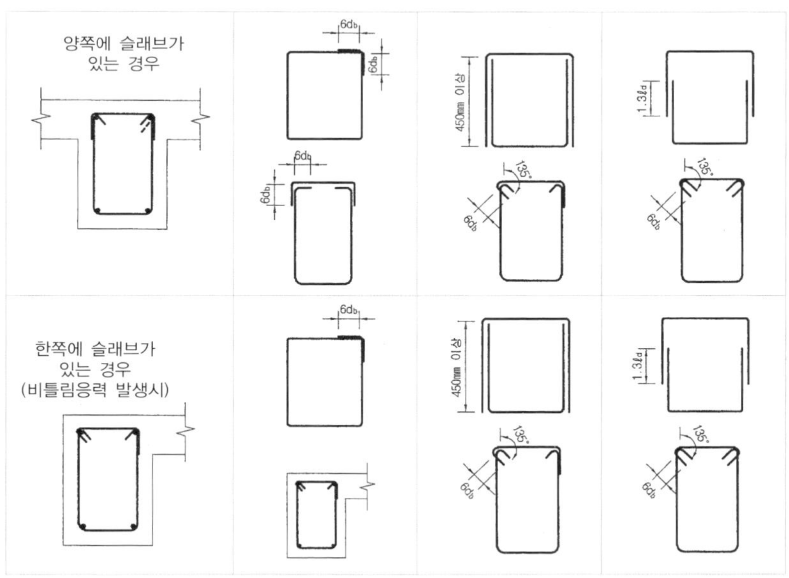

(b) 폐쇄스터럽 형태

[해 그림 0305.3] 보의 스터럽 형태

0306 보

0306.1 보의 크기

(1) 보의 최소폭은 300mm 이상이어야 한다. 다만, 작은보를 지지하는 큰보의 최소폭은 350mm 이상이어야 한다.

(2) 슬래브 두께를 포함하는 보의 최소깊이는 400mm 이상, 경간의 1/12 이상 중 큰 값으로 한다. 다만, 보의 한쪽 단부가 콘크리트벽체 위에 설치되는 경우 보의 경간은 벽체의 단부에서 200mm 내부의 지점을 기준으로 한다.

(3) 두께가 250mm 이하인 콘크리트 벽체 상부에는 벽보를 설치하여야 하며, 벽보의 최소폭과 깊이는 300mm 이상으로 한다.

(4) 캔틸레버보의 단면 크기는 내부로 연속된 보의 단면 크기와 동일하게 한다.

0306 보

0306.1 보의 크기

(1) 큰보는 기둥과 기둥을 연결하는 보를 의미하며, 작은보는 슬래브를 지지하고 큰보에 의해 지지되는 보를 의미한다. 모든 보의 최소폭은 철근의 배근, 변형 등을 고려하여 300mm로 하였고 다만, 작은보를 지지하는 큰보는 작은보에 의한 집중하중을 받으므로 보의 처짐 및 전단강도를 고려하여 최소폭을 350mm로 하였다.

(2) 보의 깊이는 단면에서 보폭의 직각방향 길이를 의미하며, 종전에는 보의 춤이라는 용어를 사용하였으나 보의 깊이로 변경되었다. 보의 깊이는 시공성을 고려하여 50mm 단위로 정하는 것이 바람직하다. 예를 들면 소요치수가 470mm이면 500mm로 530mm이면 550mm로 결정한다.

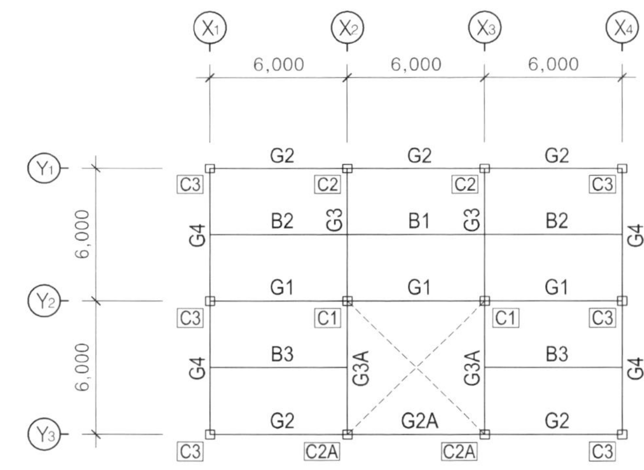

[해 그림 0306.1] 2층 건물의 2층 바닥평면

B1 : 양쪽단부 연속 작은보
B2 : 한쪽단부 불연속 작은보
B3 : 양쪽단부 불연속 작은보
G1, G2, G2A : 작은보를 지지하지 않는 큰보
G3, G3A, G4 : 작은보를 지지하는 큰보

〈2층의 작은보를 지지하지 않는 큰보 G1의 단면 검토 예〉

보의 폭=300mm 이상 (0306.1 (1))

기둥폭 450mm 가정

보의 깊이=6000/12=500mm>400mm (0306.1 (2))

작은 보의 배치간격=6000/2=3000mm<3500mm (0306.1 (3))

따라서 보의 크기는 폭×깊이=300mm×500mm로 한다.

0306.2 보의 길이방향 철근

(1) 길이방향 철근은 최소 2개 이상의 D16 이상 철근이 각각 보 단면 상하에 길이방향으로 연속시켜야 한다.

(2) 길이방향 인장철근은 다음 (3),(4),(5)의 지침에 따라 배치하여야 하며, 한 단면에서 최소 압축철근량은 인장철근량의 1/3 이상으로 하여야 한다.

(3) 보 단면의 깊이를 0306.1 (2)에서 정한 최소지침보다 증가시킬 경우 증가율의 역수에 비례하여 길이방향 철근량을 감소시킬 수 있다. 다만, 어떠한 경우에도 보의 최소 인장철근량은 단면적의 0.5% 이상 배근하여야 한다.

(4) 지붕층 보의 길이방향 철근

① 양쪽단부가 불연속인 작은보 배근 : 보의 하부 인장철근량은 단면적의 1.0% 이상으로 한다.

0306.2 보의 길이방향 철근

(1)(2)(3) 이 장에서 제시하는 부재의 철근비는 제2장 및 0302의 적용범위를 만족하는 다양한 소규모 건축물들이 건축구조기준에 의한 구조안전성을 확보할 수 있도록 구조해석 및 단면설계 결과를 정리하여 적용하기 쉽게 단순화하여 제시한 것이다.

보의 길이방향 철근비는 건축구조기준에 따르며 철근량을 보폭에 유효깊이를 곱한 유효단면적으로 나누는 것으로 정의하지만, 이 지침에서는 설계를 간편하게 할 수 있도록 유효깊이를 적용하지 않고 전체깊이를 사용하여 철근비를 정의하였다. 즉 인장철근비=인장철근단면적÷보단면적으로 한다.

보의 길이방향 인장철근 소요량은 휨모멘트에 비례하고 보의 유효깊이에 대체로 반비례한다. 이러한 이유로 보의 깊이가 기준값보다 큰 경우 그 증가율에 반비례하여 철근량을 감소시킬 수 있다. 다만, 배근되는 철근량은 보의 일체성을 확보하고 갑작스런 취성파괴를 방지하기 위하여 최소배근량 이상이어야 한다.

이 장에서는 소규모 철근콘크리트 건축물 설계의 경제성과 편의성을 고려하여 지붕층 보와 2층 보, 보 단부의 연속조건 등에 따라 철근비를 다르게 적용하였다.

(4) 지붕층 보의 길이방향 철근

① 양쪽단부가 불연속인 작은보 배근

양쪽단부가 불연속인 작은보는 단부의 부모멘트는 작게 발생하고 정모멘트가 보의 중앙부 전 구간에서 발생하는 상태가 된다. 이 보는 단면 하부 전구간에서

② 한쪽단부만 불연속인 작은보 배근 : 보의 연속 단부 상부 인장철근량은 단면적의 1.0% 이상, 중앙 하부 및 불연속단부 하부 인장철근량은 단면적의 0.8% 이상으로 한다.

③ 양쪽단부가 모두 연속된 작은보 배근 : 보단부 상부 인장철근량은 단면적의 1.0% 이상, 중앙 하부 인장철근량은 단면적의 0.8% 이상으로 한다.

④ 작은보를 지지하는 큰보의 배근 : 보단부 상부 인장철근량은 단면적의 1.2% 이상, 중앙 하부 인장철근량은 단면적의 1.1% 이상으로 한다.

⑤ 작은보를 지지하지 않는 큰보의 배근은 위의 ③과 동일하게 배근한다.

⑥ 캔틸레버보의 배근은 전길이에 걸쳐 내부로 연속된 보의 단부 배근과 동일하게 한다.

(5) 2층 보의 길이방향 철근

① 양쪽단부가 불연속인 작은보 배근 : 보의 하부 인장철근량은 단면적의 1.2% 이상으로 한다.

② 한쪽단부만 불연속인 작은보 배근 : 보의 연속 단부 상부 인장철근량은 단면적의 1.2% 이상, 중앙 하부 및 불연속단부 하부 인장철근량은 단면적의 1.1% 이상으로 한다.

인장응력을 받게 되므로 인장철근을 단면의 하부에 주로 배치하여야 한다. 단부로 갈수록 휨모멘트가 감소함에 따라 하부 철근을 감소시킬 수 있으나 소규모 건축물의 보 길이가 짧아 휨모멘트가 감소하여도 철근의 절단 부위를 결정하기 어려우므로 단부의 하부 철근량을 감소시키지 않았다. 단면 상부에 배치하는 압축철근은 최소 2개 이상, 하부 인장철근의 1/3 이상 배치하여야 한다.

② 한쪽단부만 불연속인 작은보 배근

한쪽단부는 불연속이고 다른 단부는 연속인 보는 불연속단부에서는 부모멘트가 작게 발생하고 연속단부에서는 큰 부모멘트가 발생한다. 이러한 보는 연속단부에서는 단면의 상부에 인장력이 발생하고, 중앙부에서는 단면의 하부에 인장응력이 발생한다. 인장응력이 발생하는 부위에 인장철근을 배치하고 인장응력이 작은 불연속단부는 하부 철근을 그대로 연장하여 사용하고 단부에는 압축철근을 배치한다.

③ 양쪽단부가 모두 연속된 작은보 배근

양단부가 연속인 보는 양단부에서는 부모멘트가 중앙부에서는 정모멘트가 발생하여 각 부분의 휨모멘트 크기에 의해 철근량이 결정된다.

④ 작은보를 지지하는 큰보의 배근

작은보를 지지하는 큰보는 중앙부에 집중하중이 작용하는 보로서 보 양쪽의 연속단부는 단면의 상부에, 중앙부는 단면의 하부에 인장응력이 발생되므로 인장응력 발생 부위에 인장철근을 배치한다.

(5) 2층 보의 길이방향 철근

구조적 거동은 지붕층 보와 동일하지만 지붕층보다는 바닥하중이 크므로 소요철근량이 지붕층보다는 많다. 배근요령도 지붕층과 동일하다.

〈[해 그림 0306.1] 2층 G1(작은보를 지지하지 않는 큰보 길이방향 철근 산정 예〉

보 단부 상부 철근량

③ 양쪽단부가 모두 연속된 작은보 배근 : 보의 연속단부 상부 인장철근량은 단면적의 1.2% 이상, 중앙 하부 인장철근량은 단면적의 1.1% 이상으로 한다.

④ 작은보를 지지하는 큰보의 배근 : 보의 연속단부 상부 인장철근량은 단면적의 1.6% 이상, 중앙 하부 인장철근량은 단면적의 1.3% 이상으로 한다.

⑤ 작은보를 지지하지 않는 큰보의 배근은 위의 ③항과 동일하게 배근한다.

⑥ 캔틸레버보의 배근은 전길이에 걸쳐서 내부로 연속된 보의 단부 배근과 동일하게 한다.

(6) 벽보의 주근은 단면의 상하에 각각 D19 이상의 철근 3개 이상을 전길이에 걸쳐 배근한다.

(7) 기둥과 연결되는 큰보의 상하부 철근은 반드시 기둥에 90도 갈고리로 정착되거나 기둥을 관통해서 연속으로 배치하여야 한다.

=(보의 폭)×(보의 깊이)×(철근비) (0306.2(2))

=300×500×0.012=1800mm^2

(5-D22=1935 mm^2)

보 중앙부 하부 철근량

=300×500×0.011=1650mm^2 (0306.2(2))

(5-D22=1935mm^2)

0306.3 횡방향 철근

(1) 첫 번째 스터럽은 지지 부재면으로부터 다음의 (2)와 (3)에 규정된 스터럽 간격의 1/2 이내에 배치한다.

(2) 작은보를 지지하는 큰보의 스터럽은 직경 D10을 사용하며, 배근간격은 보 유효깊이의 1/3 이하, 200mm 이하 중 작은 값으로 하며 전구간 동일하게 배근한다.

(3) 작은보, 작은보를 지지하지 않는 큰보 및 캔틸레버보의 스터럽은 직경 D10을 사용하며, 배근간격은 보 유효깊이의 1/2 이하, 300mm 이하로 하고 전구간 동일하게 배근한다.

0306.3 횡방향 철근

(2)(3) 횡방향 철근간격은 보의 깊이 대신 유효깊이를 적용하는 것이 필요하다. 보의 유효깊이는 근사적으로 다음과 같이 계산할 수 있다. 즉 보 주근이 1단 배근인 경우 보의 유효깊이=보의 깊이−70mm, 보 주근이 2단배근인 경우 보의 유효깊이=보의 깊이−90mm로 할 수 있다.

〈[해 그림 0306.1] 2층 G1(작은보를 지지하지 않는 큰보)의 스터럽 산정 예〉

보의 유효깊이

=보의 깊이−90mm=500−90=410mm

스터럽 철근=D10 (0306.3(3))

(4) 테두리보에는 폐쇄형 스터럽을 배치하여야 한다. 즉 두 끝이 135도 이상의 표준갈고리를 갖는 U형 스터럽으로 상단 철근을 감싸거나 또는 한 끝이 135도 이상의 표준갈고리를 갖는 1가닥으로 된 폐쇄스터럽으로 상단 철근을 감싸야 한다.

(5) 벽보의 스터럽은 전길이에 걸쳐 직경 D10 철근을 300mm 이하의 간격으로 전구간 동일하게 배치한다.

(6) 보의 스터럽, 폐쇄스터럽 및 후프근의 상세는 다음의 [그림 0306.1] 상세를 따른다.

보의 횡방향철근	배근 상세
스터럽 (일반 스터럽)	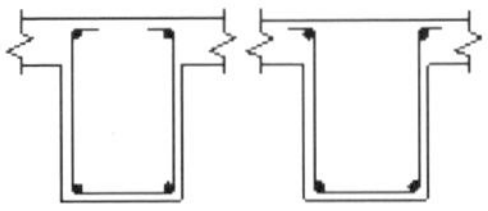
폐쇄형 스터럽 (테두리보의 전길이에 설치)	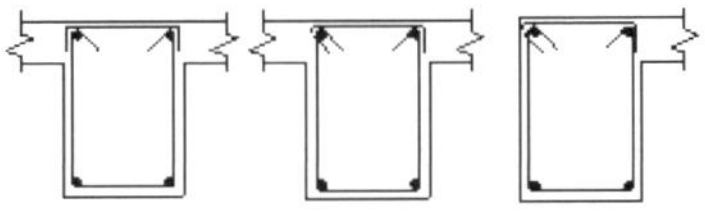
후프철근 (중간모멘트골조의 큰보 단부에 설치	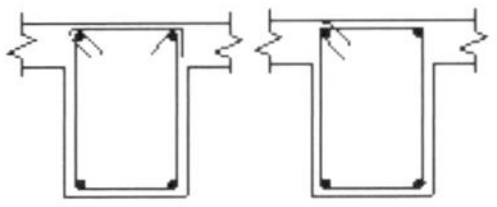

[그림 0306.1] 보의 횡방향철근 배근 상세

0306.4 양단연속 작은보 및 작은보를 지지하지 않는 큰보의 예시 단면(2층 건물의 2층 보)

큰보에 연결되는 양단이 연속되는 작은보와 작은보를 지지하지 않는 큰보는 〈표 0306.1〉의 예시 단면을 사용할 수 있다.

스터럽 간격 S=(유효깊이)/2

=205mm≤300mm

따라서 스터럽은 D10 @200mm으로 한다. (0306.3(3))

(4) 폐쇄형 스터럽의 형태는 [해 그림 0305.3]을 따른다.

〈표 0306.1〉 양단연속 작은보 또는 작은보를 지지하지 않는 큰보 단면 예시(경간 6m 이하)

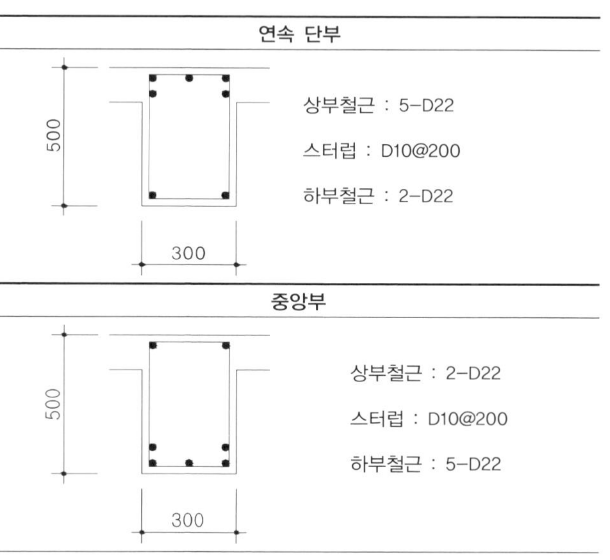

0306.5 작은보를 지지하는 큰보의 예시 단면 (2층 건물의 2층 보)

작은보를 지지하면서 기둥을 연결하는 큰 보는 〈표 0306.2〉의 예시 단면을 사용할 수 있다.

〈표 0306.2〉 작은보를 지지하는 큰보 단면 예시(경간 6m 이하)

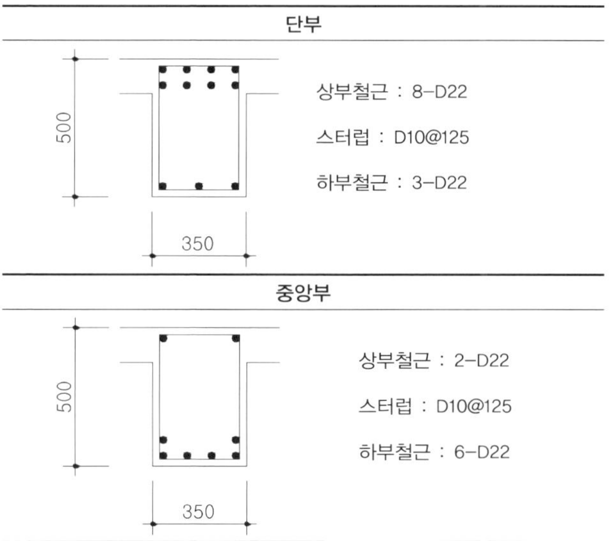

0307 기둥

0307.1 기둥의 크기 및 배근

(1) 기둥의 형태는 정사각형 또는 직사각형 단면으로 하고, 기둥의 주철근은 사각형 단면의 각 면에 대칭으로 고르게 배치하여야 한다.

(2) (4)~(6)에서 규정한 사각형 단면과 철근비를 갖는 기둥을 사용할 수 있다.

(3) 원형 기둥을 사용할 경우 (4)~(5)에서 규정한 사각형 단면적과 철근비가 동일하거나 그 이상이어야 한다. 이때 주철근은 최소 8개 이상을 단면에 균등하게 배치하여야 한다.

(4) 1층 건물 기둥단면의 최소크기는 인접 최대경간의 1/16 이상, 기둥높이의 1/12 이상, 350mm 중 큰 값으로 한다. 기둥의 최소단면적은 140,000mm^2 이상으로 하며 기둥 주근의 철근비는 단면적의 1.9% 이상으로 한다.

(5) 2층 건물의 1층 및 2층 기둥단면의 최소크기는 인접 최대경간의 1/14 이상, 기둥높이의 1/10 이상, 최소 400mm 이상 중 큰 값으로 한다. 기둥의 최소단면적은 160,000mm^2 이상으로 하며, 기둥 주근의 철근비는 단면적의 2.2% 이상으로 한다. 다만, 외부에 면하지 않은 2층 내부기둥의 경우 주근의 철근비는 단면적의 1.5% 이상으로 한다.

(6) 기둥단면을 (3), (4)에서 규정한 최소단면적보다 크게 할 경우에는 증가된 면적비율에 반비례하여 (1)과 (2)에서 제시한 철근비를 감소시킬 수 있다.

0307 기둥

0307.1 기둥의 크기 및 배근

(1)(2)(3)(4) 이 장에서는 소규모 건축물의 기둥에 대해 소규모 건물의 현실적인 설계, 시공상황을 고려하여 간단하게 적용할 수 있도록 단순화하여 규정하였다. 기둥은 건물의 규모, 형태, 하중상태, 길이, 위치에 따라 구조적 거동이 매우 복잡한 구조부재이다. 특히 축력이 커지거나 길이가 길어지면 좌굴문제가 심각해진다.

내부기둥은 상대적으로 큰 축력을 지지하고 외부기둥은 휨모멘트와 축력을 함께 지지하는 부재이다. 기둥의 단면은 사각형 형태를 기본으로 하고, 원형기둥도 사용할 수 있도록 하였다.

(2) (4)~(6)의 규정은 사각형 단면을 기준으로 제한한 것으로 1층과 2층 경간, 기둥의 높이에 따라 기둥의 크기와 철근의 단면적을 다르게 규정하였다.

(3) 원형기둥의 주철근은 형태상 최소 6개가 필요하며, 최소한의 소요내력을 확보하기 위해 8개 이상 배근하도록 하였다.

(4) 기둥의 인접 경간은 인접한 기둥까지의 중심간 거리를 의미하며, 기둥의 높이는 편의상 건물의 층고로 한다.

건물의 규모가 작아도 1층 건물 사각형 기둥단면의 최소크기는 350mm×400mm, 2층 건물 사각형 기둥단면의 최소크기는 400mm×400mm로 제한하여 다양한 조건하에서도 최소한의 안전성을 확보하도록 하였다. 즉 외부기둥은 축력과 작은보를 지지하는 큰보로부터 전해지는 휨모멘트를 저항하기 위해 규정한 단면 크기가 필요하며, 내부기둥은 넓은 부하면적에 따른 축력을 지지하기 위해 규정한 단면 크기가 필요하다.

다만, 어떠한 경우에도 철근비를 단면적의 1.0% 이상으로 하여야 한다.

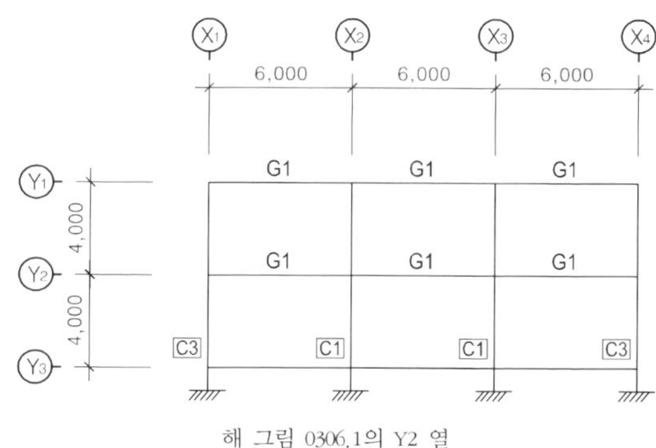

[해 그림 0307.1] 2층 건물의 입면도

〈1층 기둥 C1의 단면산정 예〉 ([해 그림 0306.1] 참조)

기둥 단면=450mm×450mm로 가정

≥ 6000/14(기둥경간의 1/14)=428

≥ 4000/10(기둥높이의 1/10)=400

≥ 400mm(단면의 최소 크기) (0307.1(5))

∴ 450mm×450mm로 결정

기둥철근량=(기둥단면적)×(소요철근비)

=450×450×0.022=4455mm^2 (0307.1(4))

(12 - D22=4644mm^2)

따라서 12 - D22로 결정

0307.2 횡보강철근

(1) D10 이상의 철근을 사용하여야 한다.

(2) 띠철근의 수직간격은 축방향 철근지름의 16배 이하, 띠철근 지름의 48배 이하, 또한 기둥단면의 최소치수 이하로 하여야 한다.

(3) 모든 모서리에 있는 축방향 철근과 하나 건너 위치하고 있는 축방향 철근은 135° 이하로 구부린 띠철근의 모서리에 의해 횡지지되도록 하여야 한다.

0307.2 횡보강철근

(1)(2) 횡보강철근은 특별한 경우가 아니면 보통 D10 또는 D13 철근을 주로 사용한다.

〈기둥 띠철근 산정 예〉

기둥단면 최소치수 350mm, 기둥주근 D22, 띠철근 D10인 경우

주근 직경의 16배=16×22=352mm

띠철근 직경의 48배=48×10=480mm

기둥단면 최소치수=350mm가 되며

따라서 D10 철근을 300mm 간격으로 배근하면 된다.

(3) 띠철근 모서리에 위치하는 축방향 철근과 인접 축방향 철근의 순간격이 150mm 이상인 경우에는 추가 띠철근을 배치해서 축방향 철근을 구속하여야 한다.

다만, 띠철근을 따라 횡지지된 인접한 축방향 철근의 순간격이 150mm 이상 떨어진 경우에는 해당 축방향 철근이 횡지지되도록 띠철근을 배치하여야 한다.

(4) 기초판 또는 기초 슬래브의 윗면과 슬래브 아래에 배치되는 기둥의 첫 번째 띠철근은 기둥과 기초 또는 슬래브의 접합면으로부터 (2)에서 규정된 띠철근간격의 1/2 이내에 있어야 한다.

원형 띠철근도 이 조항을 준수하여야 한다.

[해 그림 0307.4]는 띠철근으로 횡지지된 띠철근 기둥의 배근 상세를 나타낸 것이다.

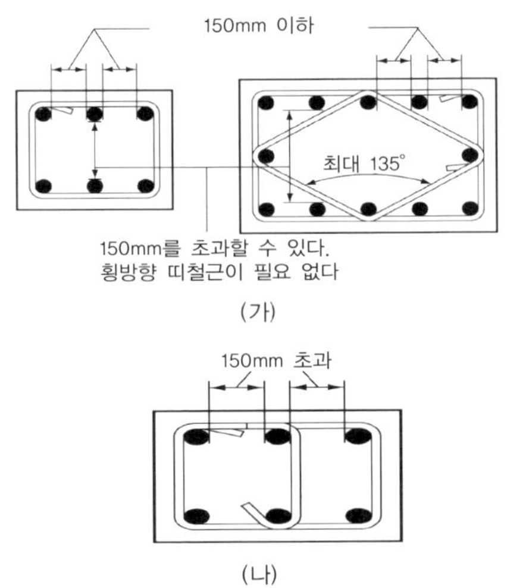

[해 그림 0307.2] 횡지지된 기둥철근 예시

(5) 보 또는 캔틸레버보가 기둥의 4면에 연결되어 있는 경우에 가장 낮은 보의 최하단 수평철근 아래에서 75mm 이내에서 띠철근을 끝낼 수 있다.

(5) 기둥의 4면에 보가 연결되어 있는 경우에는 보의 깊이에 해당하는 부위의 띠철근은 생략할 수 있으나 그 외의 경우에는 보의 전높이에 걸쳐 띠철근을 배치하여야 한다.

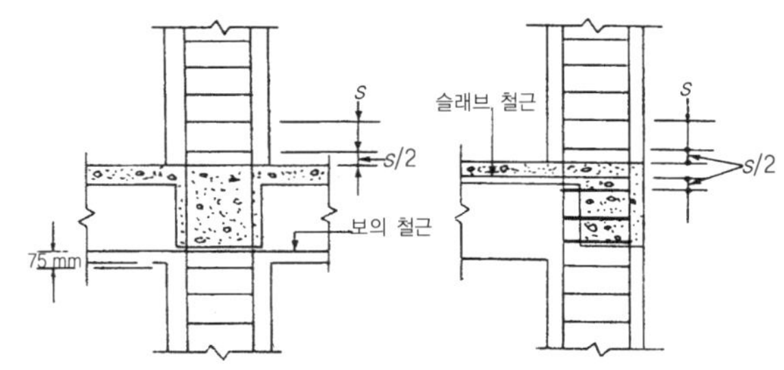

[해 그림 0307.3] 내 · 외부 기둥 띠철근 배근상세 예

0307.3 기둥의 예시 단면

기둥의 단면은 〈표 0307.1〉에서 예시하는 단면을 사용할 수 있다.

〈표 0307.1〉 철근콘크리트 기둥 구조단면 예시
(보의 경간 6m 이하, 층고 4m 이하)

구 분	구조단면
1층 건물의 기둥	400 / 400 / 띠철근 : D10@300 / 주철근 : 8-D22
2층 건물 1층, 2층 기둥(2층 내부기둥 제외)	450 / 450 / 띠철근 : D10@300 / 주철근 : 12-D22
2층 건물의 2층 내부기둥	450 / 450 / 띠철근 : D10@300 / 주철근 : 8-D22

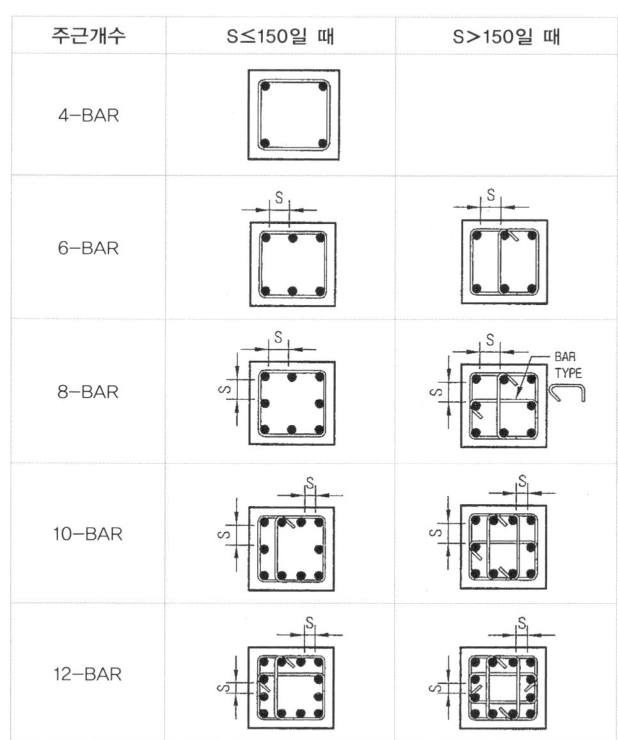

[해 그림 0307.4] 기둥 띠철근 배근상세 예

0308 슬래브

0308.1 일반사항

(1) 슬래브 단변의 경간은 3.5m를 초과하지 않아야 한다.

(2) 슬래브의 두께는 150mm 이상으로 하여야 한다.

(3) 캔틸레버 슬래브의 내민길이는 1.2m 이하이어야 한다.

(4) 캔틸레버 슬래브를 제외한 모든 슬래브의 모서리에는 보 또는 구조벽체를 설치하여야 하며, 캔틸레버 슬래브는 내부슬래브에 연속시켜야 한다.

0308.2 슬래브의 휨철근

(1) 슬래브에는 단면의 상하에 직선철근을 배치하고 인접슬래브로 연속시키거나 정착시켜야 한다. 슬래브의 장변길이가 단변길이의 2배 이하인 2방향 슬래브의 경우 철근은 각 방향으로 D10철근을 200mm 이하의 간격으로 [그림 0308.1]과 같이 단면의 상하에 배근하고, 장변길이가 단변길이의 2배 이상인 1방향 슬래브의 경우에는 단변방향으로 D10철근을 150mm 이하의 간격으로, 장변방향으로 D10철근을 250mm 이하의 간격으로 상하에 배근하여야 한다.

0308 슬래브

0308.1 일반사항

(1) 슬래브 단변경간을 최대 3.5m로 제한한 이유는 기둥의 허용 최대경간이 6.5m로, 기둥 중간에 작은보를 1개 배치할 경우 보의 간격은 3.25m가 되는데, 약간의 편심배치가 될 경우를 고려하여 최대 3.5m까지 허용한 것이다. 여기서 슬래브의 단변경간은 슬래브를 지지하는 보의 중심간 거리이다.

(2) 슬래브의 두께 150mm는 슬래브에 조적벽의 집중적 배치, 건물 외부에 캔틸레버 슬래브의 설치, 다양한 형태의 개구부 설치, 차음효과 등 슬래브에 작용할 수 있는 다양한 조건을 효율적으로 고려하고 여기에 소규모 건축물의 시공 현실도 고려하였다.

(3) 캔틸레버 슬래브는 슬래브의 한쪽 면이 지지되지 않아 자유롭게 처질 수 있는 슬래브로서 내민길이가 길면 처짐이 과다하게 발생할 우려가 있고, 시공 중 상부근의 처짐발생시 균열발생 등의 우려가 커서 내민길이를 1.2m 이하로 제한한 것이다. 내민길이는 벽체나 보의 바깥쪽 표면에서부터의 길이이다.

0308.2 슬래브의 휨철근

(1)(2) 슬래브의 휨에 영향을 미치는 요소는 슬래브의 경간, 하중 작용상태, 지점 구속조건 등 매우 복잡하지만 소규모 건축물인 점을 고려하여 가능한 한 간단하게 규정하였다. 지붕층 바닥은 기준층 바닥과 전체적인 작용하중에서 차이가 있으나 온도변화가 크고 균열발생시 누수의 우려가 있으며 또한 지붕층 특정 부위에 집중하중이 작용할 수 있는 점을 고려하여 기준층 슬래브와 배근을 구분하지 않았다. 또한 상하배근은 동일하게 하였으며, 다만, 장변길이가 단변길이의 2배가 넘는 1방향 슬래브는 2방향 슬래브와 구조적으로 거동이 다르므로 배근을 다르게 규정하였다.

슬래브의 장변과 단변의 길이는 슬래브를 지지하는 보의 중심간 거리에서 보의 폭을 뺀 순길이로 산정한다.

지침

(2) 슬래브 상부에 두께 100mm를 초과하는 조적벽체가 설치되는 경우에는 조적벽체를 따라 슬래브단면 상하부에 D13철근 3개를 각각 보강하여야 하며 슬래브를 지지하는 보 또는 벽체까지 연속시켜야 한다.

(3) 캔틸레버 슬래브의 철근은 내부 슬래브로 D10철근을 150mm 이하 간격으로 단면의 상하에 충분히 정착시키거나 내부 슬래브의 상부 철근과 겹침이음 시켜야 하고 직각방향으로 D10철근을 250mm 이하 간격으로 배근하여야 한다.

해설

(2) 슬래브의 상부에 두께 100mm 이상의 조적벽체가 설치되면 슬래브에 직접적으로 집중하중이 작용하게 되므로 슬래브 단면의 상하에 3-D13철근을 조적벽을 따라 보강하여야 한다.

(3) 캔틸레버 슬래브의 철근 정착은 캔틸레버구조의 안전성 및 처짐에 매우 중요하므로 연속단부 내부로 0305.4.1에 규정한 정착길이가 충분히 확보되어야 한다. 또한, 캔틸레버 슬래브의 상부근이 하부로 처지지 않도록 시공시 특별히 유의하여야 한다.

〈표 0308.1〉 슬래브 배근 예시

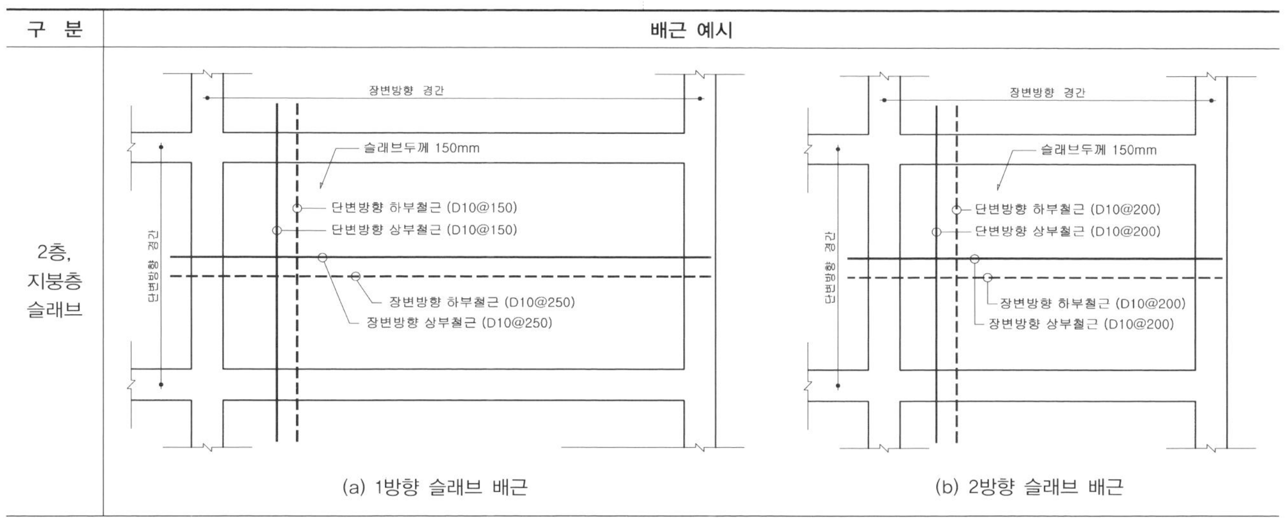

(a) 1방향 슬래브 배근

(b) 2방향 슬래브 배근

0308.3 슬래브 개구부

슬래브에 개구부가 설치되는 경우에는 다음 (1), (2)에 따라 보강하여야 하며 보강철근은 D13철근을 사용한다. 보강철근은 개구부면으로부터 600mm 이상 연장하여 정착하여야 한다.

(1) 개구부 크기가 각 방향으로 해당 스팬의 1/6 이하 또한 600mm 이하인 경우 개구부에 의해 절단되

지침

는 철근과 같은 단면적의 철근을 개구부 양쪽에 보강하여야 한다.

(2) 개구부 크기가 각 방향으로 해당 스팬의 1/6 이상 또한 600mm 이상인 경우 개구부 주위에 보를 설치하거나 또는 각 모서리에서 캔틸레버 슬래브로 가정하여 설계할 수 있다.

해설

(인장철근 정착길이)
l_d
주근
90° 표준갈고리
절단된 철근 개수만큼 배근 (최소 1-D13(상하))
개구부
A-A 단면
1-D13(상하) 또는 주근 크기 이상
절단된 철근수의 1/2을 양측에 배근 최소 1-D13(상하)
(인장철근장착길이)

[해 그림 0308.1] 슬래브 개구부 보강상세 예

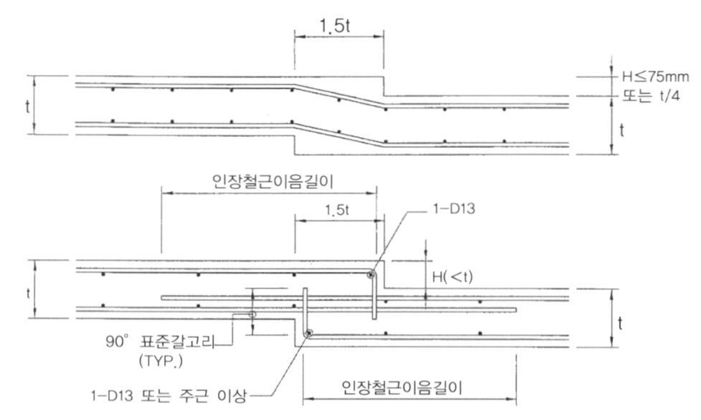

[해 그림 0308.2] 슬래브 단차 부분 배근상세

0308.4 지반에 지지되는 1층 바닥슬래브

(1) 슬래브의 최소두께는 200mm로 하며, 철근 배근은 슬래브 단면의 상하부에 두 직교방향으로 D10철근 이상, 간격 200mm 이하로 배치하여야 한다.

(2) 슬래브의 하부철근 피복은 40mm로 한다.

(3) 슬래브의 하부 지반은 잘 다진 후 버림콘크리트를 타설하고 그 위에 바닥슬래브를 설치한다.

0308.4 지반에 지지되는 1층 바닥슬래브

지반에 지지되는 슬래브는 지반의 다짐상태에 따라 하부 표면이 일정하지 않으므로 슬래브 하부의 피복을 균등하게 유지하기 어렵다. 슬래브의 최소두께를 2층이나 지붕층 슬래브 두께보다 증가시켜 하부 피복 두께를 충분히 확보할 수 있도록 최소두께를 200mm로 하였다.

0309 콘크리트 벽체

0309.1 일반사항

(1) 콘크리트 벽체의 최소두께는 층고의 1/25 이상이며, 150mm 이상이어야 한다.

(2) 벽체의 길이가 600mm 이하이고 기둥의 역할을 하는 벽체의 경우에는 기둥의 철근상세를 따라야 한다.

(3) 벽체의 철근은 상하벽체로 연속되거나 이와 교차하는 구조부재인 바닥, 지붕, 기둥, 벽기둥, 부벽, 교차벽체 및 기초 등에 충분히 정착하여야 한다.

0309.2 배근

(1) 벽체배근은 양면에 수직, 수평방향으로 D10 이상의 철근을 300mm 이하의 간격으로 배치한다.

(2) 벽체의 전체 단면적에 대한 최소 수직철근량은 단면적의 0.12% 이상이어야 한다.

(3) 벽체의 전체 단면적에 대한 최소 수평철근량은 단면적의 0.2% 이상이어야 한다.

(4) 모든 창이나 출입구 등의 개구부 주위에는 최소 철근량 이외에도 D16 이상의 철근을 2개 이상 배치하여야 하며, 그 철근은 개구부의 모서리에서 600mm 이상 연장하여 정착하여야 한다.

(5) 벽체는 [그림 0309.1]에서 예시하는 단면을 사용할 수 있다.

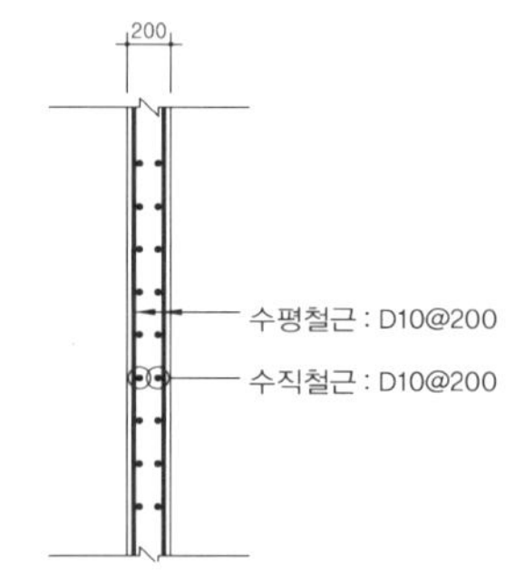

[그림 0309.1] 철근콘크리트 벽체단면 예시

0309 콘크리트 벽체

0309.1 일반사항

(1) 소규모 건축물의 콘크리트 벽체는 대부분 계단실이나 외부벽체이며, 작용하는 중력방향 축하중은 크지 않으나 계단 슬래브로부터의 휨응력이 작용할 수 있다. 건물의 층고가 3.75m 이상인 경우에는 벽체두께를 160mm 이상으로 하는 것이 바람직하다.

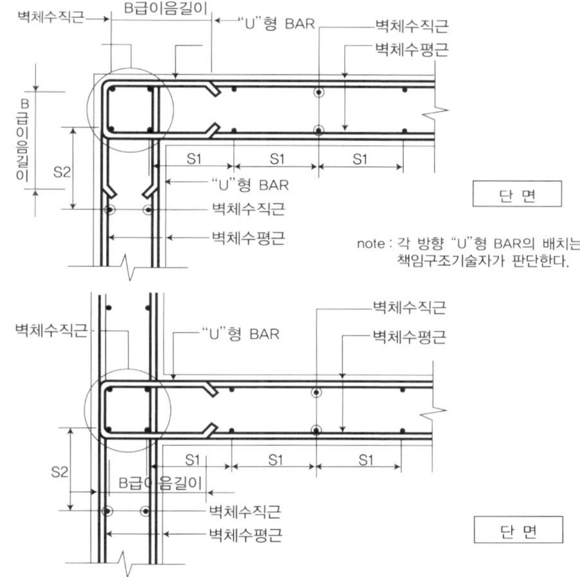

[해 그림 0309.1] 교차부의 벽체배근 예

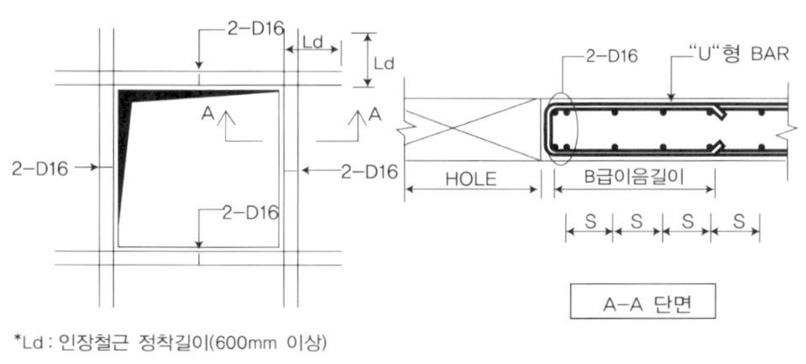

[해 그림 0309.2] 개구부의 철근상세 예

0310 계단슬래브

(1) 계단슬래브 두께는 150mm 이상이어야 한다.

(2) 계단슬래브의 진행방향 길이는 6m 이하이어야 하고, 계단참을 제외한 경사구간의 길이는 3.6m 이하이어야 한다.

(3) 계단참에서는 경사구간과 접하는 모서리를 제외한 3개 모서리는 보나 벽체에 지지하여야 한다.

(4) 계단슬래브의 철근은 양방향으로 단면의 상하부에 D13철근을 200mm 이하의 간격으로 배치한다.

(5) 계단슬래브는 [그림 0310.1]에서 예시하는 상세를 사용할 수 있다.

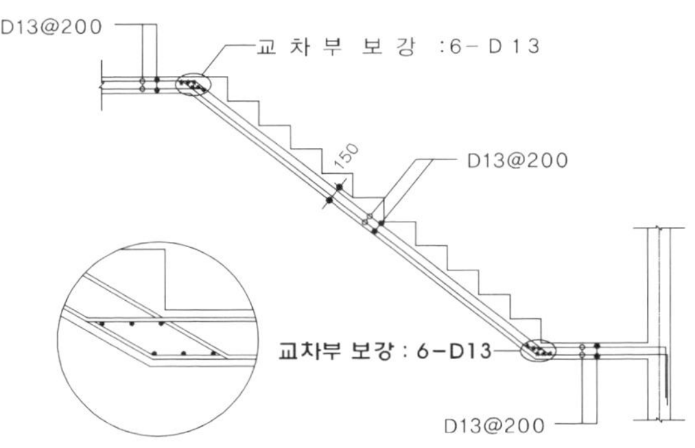

[그림 0310.1] 계단슬래브 설계 상세 예시

0310 계단슬래브

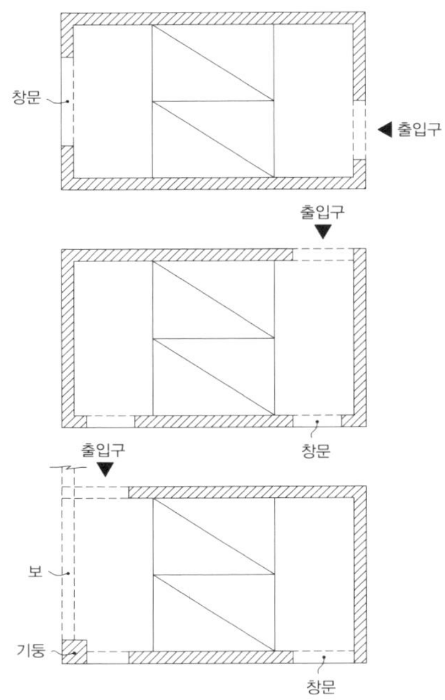

[해 그림 0310.1] 각종 계단의 지지형태

0311 기초

(1) 지하층이 없는 건물의 독립기초 설계는 제6장과 다음 사항을 만족하여야 한다.

① 1층 건물의 경우 부하면적이 $35m^2$을 초과할 경우 각 변의 길이 2,000mm 이상, 두께 450mm 이상의 정사각형 기초로 하고, 부하면적이 $35m^2$ 이하인 경우 각 변의 길이 1,800mm 이상, 두께 450mm 이상의 정사각형 기초로 한다. 2층 건물의 경우 부하면적이 $35m^2$을 초과할 경우 각 변의 길이 3,000mm 이상, 두께 500mm 이상의 정사각형 기초로 하고, 부하면적이 $35m^2$ 이하인 경우 각 변의 길이 2,700mm 이상, 두께 500mm 이상의 정사각형 기초로 한다. 부하면적이 $20m^2$ 이하인 독립기초는 $35m^2$ 이하인 기초길이에 0.8을 곱한 길이로 감소시킬 수 있다.

② ①에서 정의된 정방형 기초의 면적과 동일한 장방형 기초를 사용할 수 있다. 다만, 장변 대 단변의 길이 비율은 2 : 1을 초과하지 않아야 한다.

③ 정방형 기초의 양방향 하부 주철근량은 1층 건물의 경우 $900mm^2/m$ 이상, 2층 건물의 경우 $1,400mm^2/m$ 이상으로 하여야 한다. 장방형 기초로 사용할 경우 장변방향 하부 주철근량은, 장변 대 단변의 길이 비율에 비례하여 정방형 기초의 하부 주철근량의 1.5배까지 증가시켜야 한다.

④ 하부 철근의 직경은 1층 건물의 경우 D16 이상, 2층 건물의 경우 D19 이상을 사용하고, 최대간격은 200mm 이하로 하여야 한다.

(2) 기초는 〈표 0311.1〉에서 예시하는 상세를 사용할 수 있다.

(3) 콘크리트 벽체 하부에는 줄기초를 설치하여야 하며, 설계는 0407.3을 따른다.

0311 기초

(1)(2)(3) 기초의 형태는 기둥 하부에는 독립기초, 벽체 하부에는 줄기초를 선택하는 것이 일반적이다. 그러나 지내력이 좋지 않은 경우에는 온통기초를 선택하기도 한다. 이 장에서는 지내력이 비교적 양호한 지반의 소요지내력(f_e)을 $150kN/m^2$ 이상으로 하였다. 독립기초는 작용축하중에 따라 크기, 두께 및 배근이 결정되므로 부하면적에 따라 구분하여 제시하였다. 부하면적은 하중을 부담하는 면적으로서 인접기둥 또는 인접기초와의 중심간 거리로 산정한다. 예를 들면 [해 그림 0306.1] 2층 건물의 2층 바닥평면에서 X2-Y2열상의 C1기둥 및 하부기초의 부하면적은 $6.0m\times6.0m=36m^2$이다.

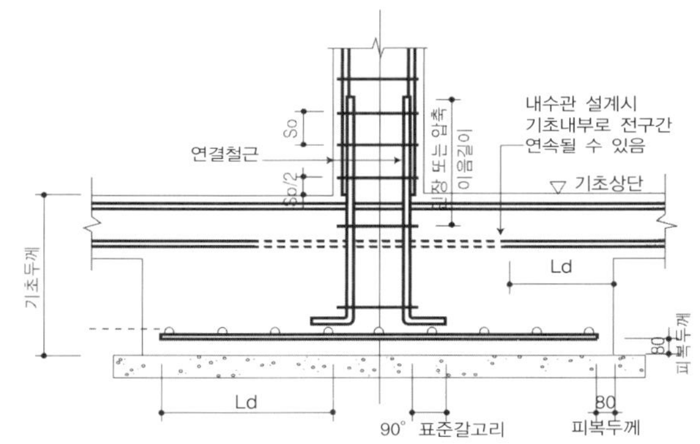

[해 그림 0311.1] 직접기초 상세 예

지하층이 없는 건물에 공기, 시공조건 등의 이유로 독립기초 대신 온통기초를 적용하고자 하는 경우 다음과 같이 할 수 있다.

(가) 2층 건물의 온통기초

기초의 두께는 500mm 이상으로 하여야 한다. 기초의 외부면은 외부기둥 또는 외부벽체의 중심으로부터 500mm 이상 돌출시키고 동결깊이 하부에 기초 하부면이 위치하도록 하여야 한다. 기초의 상부근은 D16 철근을 250mm 이하의 간격으로 배치하거나 D19 철근을 300mm 이하의 간격으로 배치하여야 하고, 기초의 하부근은 D16 철근을 150mm 이하의 간

〈표 0311.1〉 철근콘크리트 기초 상세 예시

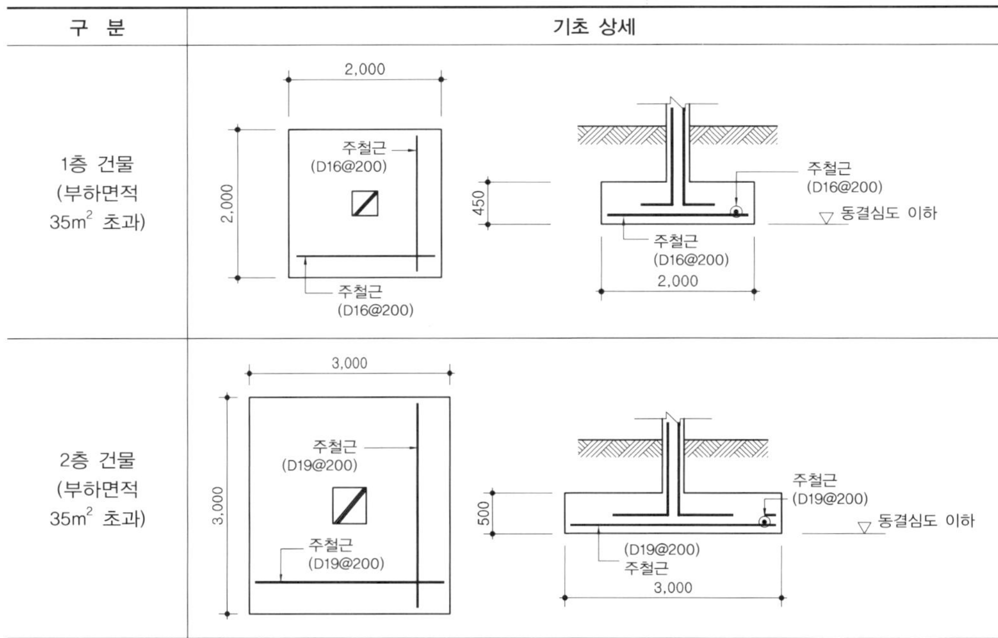

구 분	기초 상세
1층 건물 (부하면적 $35m^2$ 초과)	2,000 / 2,000 / 주철근 (D16@200) / 주철근 (D16@200) / 450 / 주철근 (D16@200) / 동결심도 이하 / 주철근 (D16@200) / 2,000
2층 건물 (부하면적 $35m^2$ 초과)	3,000 / 3,000 / 주철근 (D19@200) / 주철근 (D19@200) / 500 / 주철근 (D19@200) / 동결심도 이하 / (D19@200) 주철근 / 3,000

격으로 하거나 D19 철근을 250mm 이하의 간격으로 배치하여야 한다.

(나) 1층 건물의 온통기초

기초의 두께는 400mm 이상으로 하여야 한다. 기초의 외부면은 외부기둥 또는 외부벽체의 중심으로부터 500mm 이상 돌출시키고 동결깊이 하부에 기초 하부면이 위치하도록 하여야 한다. 기초의 상부근은 D16 이상의 철근을 300mm 이하의 간격으로 배치하여야 하고, 기초의 하부근은 D16을 250mm 이하의 간격으로 하거나 D19 철근을 300mm 이하의 간격으로 배치하여야 한다.

(다) 온통기초의 피복두께

기초의 상부 철근 피복두께는 40mm, 하부 철근 피복두께는 80mm를 표준으로 하는 것이 바람직하다.

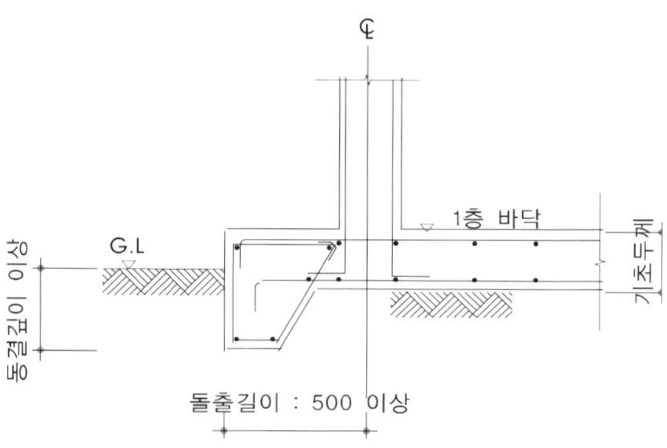

[해 그림 0311.2] 1층에 설치되는 온통기초 단부상세 예

0312 중간모멘트골조 내진상세

0312.1 보

(1) 기둥 또는 벽체와의 접합면에서 보의 하부 철근비는 상부 철근비의 1/3 이상이어야 한다.

(2) 보의 어느 위치에서나 상·하부 철근비는 각각 양측 접합부의 접합면 최대철근비의 1/5 이상이어야 한다.

(3) 보의 양단에서 받침부재의 내측면부터 경간 중앙으로 부재깊이의 2배 길이 영역에는 후프철근을 배치하여야 한다.

(4) 첫 번째 후프철근은 지지 부재면으로부터 50mm 이내의 구간에 배치하여야 한다. 후프철근의 상세는 0306.3(4)를 따른다.

(5) 후프철근의 최대간격은 유효깊이의 1/4, 감싸고 있는 종방향 철근의 최소지름의 8배, 후프철근지름의 24배, 300mm 중 가장 작은 값 이하이어야 한다.

(6) (3)에서 규정한 구간 이외의 부재 전길이에 걸쳐 유효깊이의 1/2 이하의 간격으로 스터럽을 배치하여야 한다.

(7) 중간모멘트골조의 보 배근상세 예시는 [그림 0312.1]과 같으며 중간모멘트골조에는 이 예시를 사용할 수 있다.

0312 중간모멘트골조 내진상세

중간모멘트골조의 적용은 0302(4)를 참고한다.

0312.1 보

중간모멘트골조의 내진상세는 보통모멘트골조보다 철근배근 규정을 강화하여 연성능력을 증가시키도록 한 규정이다.

즉 지진하중에 따른 휨응력의 반전을 고려하여 보의 최소 주근량을 규정하고, 보의 연성능력 향상을 위해 보 단부 일정 부위의 스터럽 간격을 제한하였다. 보 단부의 후프철근은 폐쇄형 스터럽의 형태와 동일하다. 보의 중앙부는 후프철근 대신 일반적인 스터럽으로 한다.

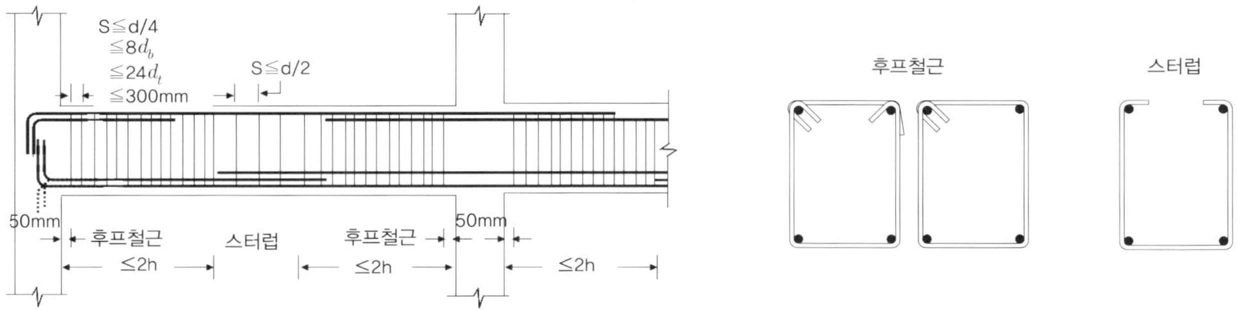

[그림 0312.1] 중간모멘트골조의 보 배근상세 예시

0312.2 기둥

(1) 기둥의 양단부에서 접합면으로부터 길이 l_o 구간에 걸쳐 후프철근을 배치하여야 한다. 여기서 길이 l_o 는 기둥 순높이의 1/6, 기둥단면의 최대치수, 450mm 중 가장 큰 값 이상이어야 한다.

(2) 기둥의 양단부에 배치된 후프철근의 수직간격 s_o 은 종방향 철근지름의 8배, 후프철근 지름의 24배, 기둥단면 최소치수의 1/2, 300mm 중에서 가장 작은 값 이하이어야 한다.

(3) 첫 번째 후프철근은 접합면으로부터 (2)에서 규정된 수직간격의 1/2 이내의 거리에 배치하여야 한다.

(4) 길이 l_o 이외의 구간에서 횡보강철근의 간격은 0307.2를 따라야 한다.

(5) 중간모멘트골조의 기둥 배근상세는 [그림 0312.2]와 같으며 중간모멘트골조에는 이 예시를 사용할 수 있다.

0312.2 기둥

중간모멘트골조 기둥의 상세는 연성능력 확보를 위해 기둥의 상하부에 횡방향 보강철근, 즉 후프철근을 배치하는 것이 주요 특징이다. 후프철근은 기둥단면의 구속효과가 우수하여 내진성능을 향상시키는 가장 중요한 배근이다.

기둥높이의 중앙부는 일반적인 기둥의 띠철근 상세와 동일하다.

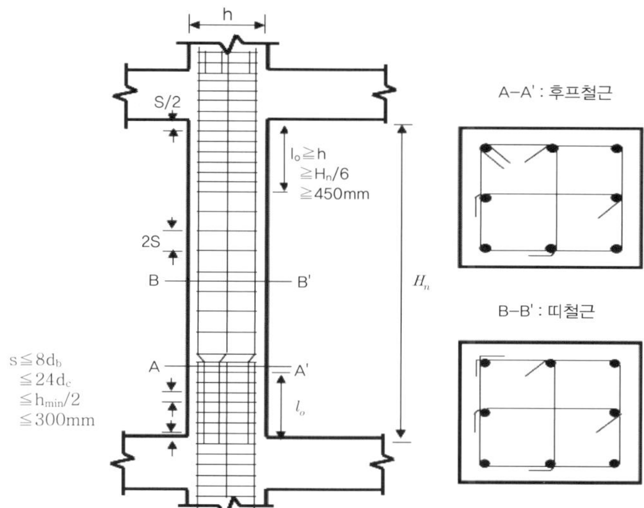

* h = 부재 단면의 최대치수
H_n = 기둥 순높이
d_b = 종방향 철근의 지름
d_c = 횡방향 철근의 지름
h_{min} = 기둥 단면의 최소치수

[그림 0312.2] 중간모멘트골조의 기둥 배근상세 예시

제 4 장

조적조

제4장 조적조

0401 일반사항

(1) 소규모 조적조 건축물이 이 지침에서 제시하는 적용 조건을 만족하고, 적용상 문제가 없는 경우에는 이 장에서 제시하는 지침에 따라 설계할 수 있다.

(2) 설계도서에는 모든 벽체의 두께, 높이, 개구부 위치, 크기, 인방보와 테두리보의 상세가 정확히 표현되어야 하며, 현장에서 정확히 시공하여야 한다.

0401 일반사항

(1) 이 장에서는 규모가 2층 이하, 500m^2 미만이고 제2장에서 제시한 적용 조건을 만족하는 소규모 건축물에 대해 이 장에서 제시하는 설계관점을 따르면 건축물의 구조성능이 확보될 수 있도록 하였다. 이 장은 건축구조기준의 조적조에서 제시하는 허용응력설계, 강도설계, 경험적 설계법 중 비보강조적조의 경험적 설계법에 근거하였다. 건축구조기준은 내용이 방대하고 복잡하여 구조 분야의 전문지식을 필요로 하므로 정형적인 소규모 조적조 건축물을 대상으로 보다 쉽게 적용할 수 있도록 적용기준을 단순화하였다. 소규모 건축물의 형태, 크기, 높이에 따라 비경제적이거나 불합리한 설계가 될 수 있으므로 건축주와 설계자가 합리적으로 판단하여 필요한 경우 구조 분야 전문가의 협력을 받는 것이 보다 합리적일 수 있다.

(2) 소규모 건축물을 건설하기 위해서는 일반 건물과 마찬가지로 0103에서 규정하는 구조설계가 필요하며 0103.4에서 규정하는 설계도가 필요하다. 이 지침을 적용하는 소규모 건축물은 골조해석, 부재설계를 수행하지 않으므로 구조설계도서가 구조설계 내용을 정확하게 표현해야 하며, 이를 위해 구조설계도서에 포함해야 할 최소사항을 기술하였다.

0402 적용조건

제2장의 적용범위와 다음 조건을 모두 만족하여야 한다.

(1) 건축물의 내력벽은 평면상 양방향으로 균등하게 배치하여야 한다.

(2) 건축물의 높이는 6m 이하, 한 개 층의 층고는 3m 이하이어야 한다.

(3) 2층 건물인 경우 2층 내력벽의 단면은 수직적으로 1층 내력벽의 단면 내에 있어야 한다.

(4) 슬래브는 철근콘크리트 바닥으로 되어야 하고, 단변의 길이는 4.5m 이하이어야 한다.

0402 적용조건

(1) 조적조 건축물의 내력벽은 평면상에서 가로방향과 세로방향으로 균등하게 배치되어야 한다. 내력벽은 기본적으로 수직하중을 부담함과 동시에 지진이나 바람에 의한 수평하중에도 안전하게 지지되어야 하므로 양방향으로 벽량이 균등하게 배치되도록 설계되어야 한다.

(2) 이 지침에서는 국내 소규모 조적조 건축물의 구조적 특성을 조사한 결과를 토대로 층고를 3m 이하로 제한하였다. 즉 한 개 층의 층고가 3m를 초과하면 바람이나 지진과 같은 수평하중에 대해 건물의 수평변형이 증가하게 되고 건물의 경제성을 해치게 되어 3m를 표준으로 하였다.

(3) 2층 내력벽과 1층 내력벽이 [해 그림 0402.1]과 같이 면외 어긋남이 없도록 하여 벽체의 구조적 연속성을 구현하도록 해야 한다. 내력벽의 면외 어긋남은 지진에 의한 1층과 2층의 힘 전달 경로가 불연속적이 되어 일부 벽체에 힘이 집중될 가능성이 있으며 지진력에 대한 저항능력이 상실될 수 있다.

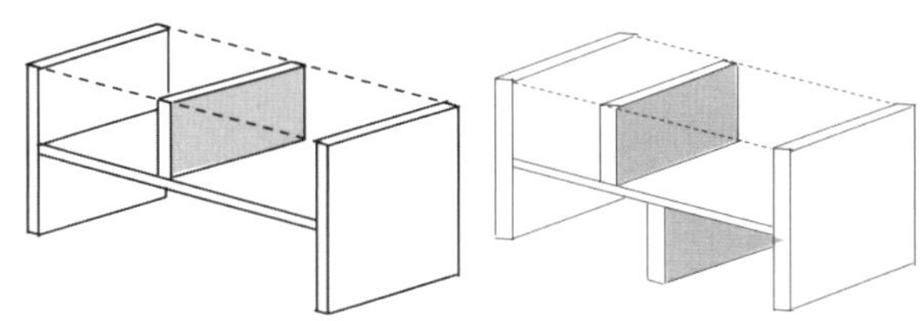

[해 그림 0402.1] 벽체가 면외 어긋난 예

(4) 평면상에서 벽체로 둘러싸인 슬래브의 짧은 방향의 길이를 4.5m 이하로 한 이유는 콘크리트 슬래브의 두께를 150mm 이하로 하고 규정된 배근량 조건을 맞추기 위한 것이다. 이러한 조건에 부합하지 않거나 더 큰 길이 및 슬래브 두께가 요구될 때는 별도로 구조설계해야 한다. 또한 장방형 슬래브는 단변방향이 주 응력방향이므로 단변방향의 크기에 따라 철근배근이나 슬래브 두께가 결정되기 때문에 단변방향의 길이를 제한한다.

0403 재료 및 규격

0403.1 벽 돌

사용 벽돌은 KS 기준이 정한 압축강도 및 기타 성능 이상의 것을 사용하여야 한다.

0403.2 콘크리트 및 철근

(1) 3장의 0303에 따른다.

0403.3 모르타르

(1) 제7장의 0703.3을 따른다.

0403.4 줄눈

줄눈은 시멘트 모르타르 사용을 원칙으로 하며 시멘트중량은 모래중량의 1/3을 넘어야 한다.

0403 재료 및 규격

0403.1 벽 돌

벽돌은 한국산업규격(KS)에서 제시한 다음의 재료 품질기준을 충족해야 한다.

KS L 3204「규석벽돌」
KS L 4201「점토벽돌」
KS L 4204「규회벽돌」
KS F 2556「표면처리된 외벽용 도자기 타일, 외벽용 벽돌, 견고한 조적재」
KS F 2447「벽돌과 점토타일 시료채취 및 시험방법」
KS F 4004「콘크리트 벽돌」

0403.4 줄눈

줄눈은 조적단위가 놓이는 모르타르 접합부를 말하며, 모르타르는 시멘트 성분을 가진 재료인 석회 또는 시멘트의 혼합물로 구성된다. 줄눈에는 시멘트, 모래, 물을 반죽한 시멘트 모르타르 사용을 원칙으로 하며, 이때 시멘트중량이 모래중량의 1/3이 넘도록 반죽해야 한다. 시멘트 대신 석회와 모래, 물을 반죽한 석회모르타르를 사용하는 경우 충분한 압축강도를 확인하여야 한다. 이를 위해 별도의 시험을 수행하여야 하며, 제작과 시험 등은 건축구조기준에서 제시하는 규정에 따라야 한다.

0404 벽체

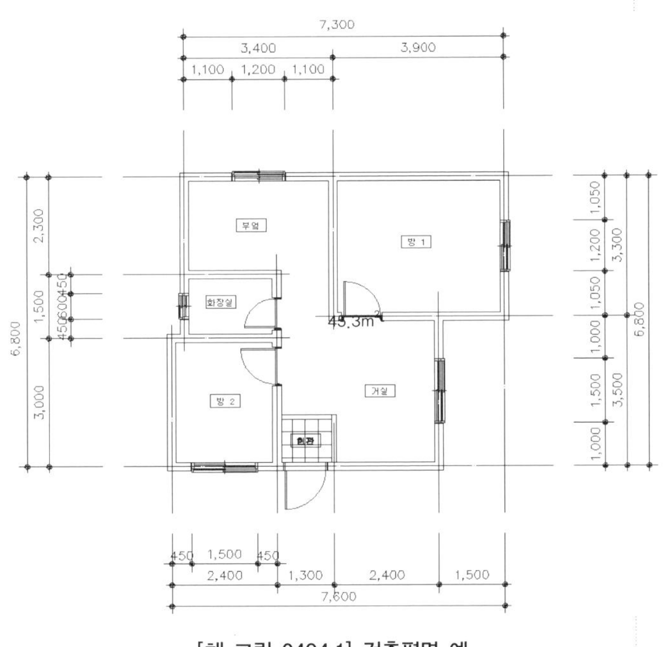

[해 그림 0404.1] 건축평면 예

(1) 건축물의 각층에 있어서 건축물의 길이방향 또는 너비방향의 조적구조인 내력벽으로 둘러싸인 부분의 바닥면적은 80m²를 넘을 수 없다.

(2) 내력벽의 길이는 10m를 넘을 수 없다.

(3) 모든 내력벽의 두께는 190mm 이상이어야 한다.

(4) 비내력벽은 90mm로 시공할 수 있으나 벽량 계산에서는 제외한다.

0404 벽체

다음 [해 그림 0404.1]의 건축평면에 대해 벽체 규정을 파악하도록 한다.

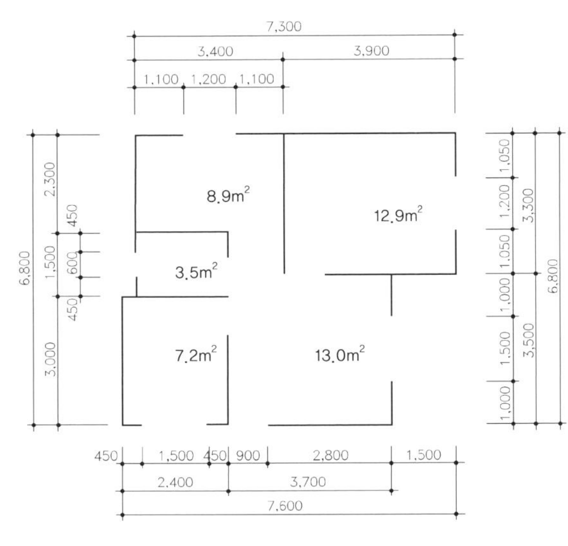

[해 그림 0404.2] 각 실별 면적

(1) [해 그림 0404.2]에서 내력벽으로 둘러싸인 부분의 최대 바닥면적은 12.9m²로서 80m² 이하이다.

(2) 최대 내력벽의 길이는 "ㄱ", "T", 보강부축벽 등으로 보강되지 않은 순길이를 말하며, [해 그림 0404.1]의 경우에는 3.9m로 10m를 초과하지 않는다.

(3) 내력벽의 최소두께는 190mm(통상 1.0B로 통칭됨) 이상으로 해야 한다. 1층 건물의 경우도 190mm 이상의 두께를 갖는 것이 마구리 정리와 대린벽 사이의 연결을 위해 필요하다.[해 그림 0404.1]의 경우 모두 내력벽이다.

(4) 수직하중을 전달받지 않는 비내력벽은 90mm(0.5B 쌓기)로 시공할 수 있으나 지진에 대한 저항성이 취약하여 벽량계산에 포함하지 않는다. 보통 내부칸막이, 치장벽 또는 외부마감용도의 조적벽이 비내력벽이다.

지침

(5) 가로방향과 세로방향의 내력벽을 각각 분류하여 길이를 합한 것을 각 방향 총 벽체길이라 하고, 벽두께와 각 방향 벽체길이의 곱을 모두 합한 것을 총 벽량이라 한다. 이 총 벽량을 해당 층의 바닥면적으로 나눈 값을 벽률이라 하고 이 각 방향의 벽률은 〈표 0404.1〉 이상이어야 한다.

〈표 0404.1〉 조적벽체의 벽률 제한값

층 수	층 바닥면적	
	$80m^2$ 이하	$80m^2$ 이상
1층	0.070	0.060
2층	0.063	0.054

해설

(5) x방향 총 벽체길이
=(0.45+0.45+2.8)+(2.4+3.0+2.3)+(1.1+5.0)+(1.2×0.4)=18.0m
y방향 총 벽체길이
=6.8+(0.45+2.1)+3.3+(2.0+2.1)+(1.2×0.4)
=17.3m

계산된 각 벽의 두께는 190mm(1.0B쌓기) 이상이어야 하며, 90mm 벽체(0.5B쌓기)는 계산에 포함되지 않는다.

x방향 총 벽량=x방향 총 벽체길이×190mm=$3.4m^2$
y방향 총 벽량=y방향 총 벽체길이×190mm=$3.3m^2$
층 바닥면적=13.0+12.9+8.9+7.2+3.5=$45.5m^2$
x방향 벽률=x방향 총 벽량 / $45.5m^2$=0.075
y방향 벽률=y방향 총 벽량 / $45.5m^2$=0.073

0405 슬래브

철근콘크리트 슬래브 설계는 0308에 따른다. 슬래브 두께 및 배근은 〈표 0405.1〉에 따른다.

〈표 0405.1〉 슬래브 두께 및 배근

	2방향슬래브 (단변방향경간 4.5m 이하)	1방향슬래브 (단변방향경간 4.0m 이하)	1방향슬래브 (단변방향경간 4.5m 이하)
슬래브두께	150mm	150mm	150mm(양단부 연속조건) 165mm(1단 불연속조건)
단변방향 상부철근	D13@200	D13@200	D13@150
단변방향 하부철근	D10@200	D10@200	D10@150
장변방향 상부철근	D13@200	D10@200	D10@200
장변방향 하부철근	D10@200	D10@200	D10@200

0405 슬래브

〈표 0405.1〉에서는 콘크리트 슬래브의 두께 150mm와 0402(4)에서 제시한 단변방향 길이조건을 만족하는 적절한 철근과 배근량을 제시하였다. 콘크리트의 피복두께 및 철근상세는 0305에 따른다. 이 지침에서 정의한 하중, 단변방향 길이, 슬래브 두께 조건을 하나라도 만족시키지 못하는 경우 별도의 구조설계를 하여 구조안전성을 확보하여야 한다.

0406 공간쌓기

공간쌓기를 하는 경우에는 내측벽체만 내력벽으로 간주한다. 단, 녹슬지 않는 재질의 연결철물을 사용하여 수직거리 400mm, 수평거리 900mm 이하의 간격으로 내측과 외측 벽체를 서로 긴결하는 경우 내외 벽체 두께를 합한 값을 벽체의 두께로 인정할 수 있다.

0406 공간쌓기

공간쌓기를 하는 경우에는 내측벽체만 내력벽으로 인정하여 0404의 벽량계산에 내측벽체만 포함되고 외측벽체는 포함되지 않는다. 단, 외측벽체를 벽량계산에 포함시키기 위해서는 다음의 조건을 만족하도록 내측과 외측 벽체를 서로 긴결해야 한다.

(1) 벽체 연결철물은 모든 홑겹벽을 충분히 연결할 수 있을 만큼 길이를 확보하여야 한다. 홑겹벽에 걸친 벽체 연결철물 부분은 모르타르나 그라우트 내부에 완전히 매립되어야 한다. 벽체 연결철물의 단부는 90°로 구부려 길이가 최소 50mm 이상이어야 한다. 벽체 연결철물이 모르타르나 그라우트에 완전히 묻히지 않은 부분은 개별적으로 양단이 각각 홑겹벽에 연결되어야 한다.

(2) 연결철물은 교대로 배치해야 하며, 연결철물 간의 수직과 수평간격은 각각 400mm와 900mm를 초과할 수 없다.

(3) 개구부 주위에는 개구부의 가장자리에서 수평거리와 수직거리 300mm 이내에 연결철물을 추가로 설치해야 한다.

(4) 보강철물은 녹슬지 않는 재질(부식방지)의 벽체 연결철선이나 철근을 사용하며 그 성능이 입증된 것이어야 한다.

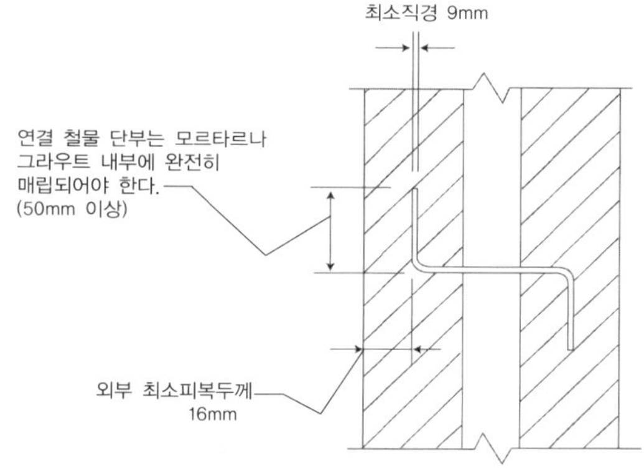

[해 그림 0406.1(1)] 벽체 연결철물 (벽체 수평단면 그림)

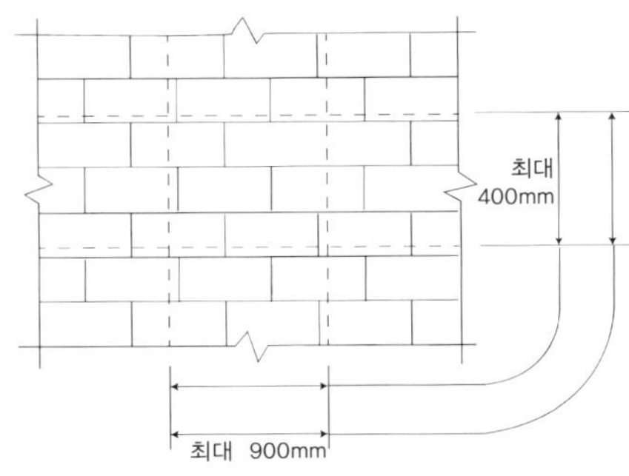

[해 그림 0406.1(2)] 연결철물 간격

0407 부재설계 상세

국내 조적조 건축물의 경우 시공기준에 테두리보와 인방보를 설치하도록 규정하고 있으나 대부분 테두리보가 없으며 개구부 상부에도 드물게 목재 인방이 있을 뿐 인방보를 설치하지 않는 경우가 많다. 또한, 별도의 기초공사 없이 지하층 바닥 하부에 버림 콘크리트가 기초를 대체하고 있는 경우가 많다. 조적조 건축물의 내진성능 확보를 위해서는 반드시 구조벽체 상부에 보를 두어야 하고, 개구부 인방보 설치 및 기초의 합리적인 설계가 필요하다.

0407.1 보

모든 내력벽 상부에는 폭 200mm, 길이 400mm 이상의 철근콘크리트보를 설치하여야 하며 [그림 0407.1]를 사용할 수 있다. 강재보 및 목재보를 사용할 때에는 별도의 구조안전성을 검토하여야 한다.

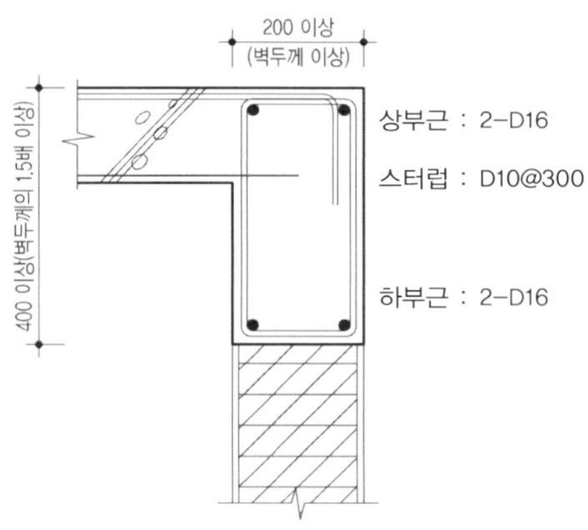

[그림 0407.1] 테두리보 상세 예시

보는 슬래브의 단부구속과 조적벽체와 슬래브의 일체 및 슬래브 하중의 균등분포를 위해 반드시 필요한 부재이다. 따라서 모든 조적조 구조벽체의 상부에는 [그림 0407.1]의 예시와 같은 테두리보를 설치하여야 하며, 보폭은 조적벽체의 두께와 같도록 정하였다.

0407.2 개구부 인방보

상부에 아치 또는 코벨을 설치하지 않은 개구부에는 철근콘크리트 또는 철골 인방보를 설치하여야 한다. 인방보의 최소 걸침길이는 100mm 이상이어야 하며,

인방보는 조적벽체가 인장력을 부담할 수 없기 때문에 개구부 상부의 조적벽체를 보강하는 구조재로서 개구부 크기와 개구부 상부의 하중에 견디도록 크기와 철

폭은 200mm 이상, 높이는 개구부 폭의 1/10 이상, 최소 높이는 200mm 이상이어야 한다. 철근콘크리트 인방보는 [그림 0407.2]를 사용할 수 있다.

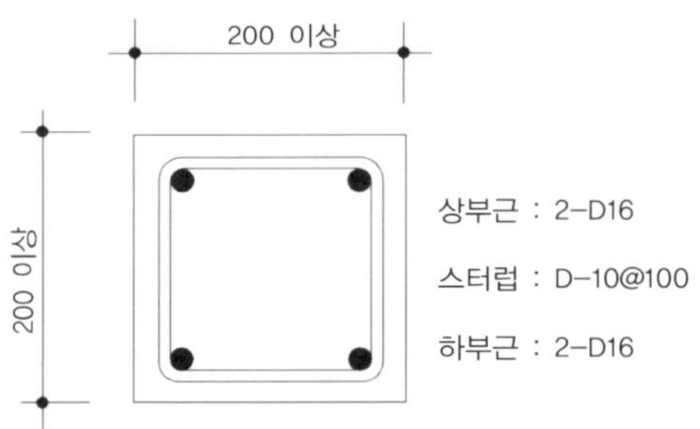

[그림 0407.2] 철근콘크리트 인방보 상세 예시

근배근을 결정한다. 예를 들어 창문의 가로방향 크기가 2.4m이면 인방보의 높이는 2400×(1/10)=240mm가 되나 부재 크기를 50mm 단위로 정하는 것이 시공상 편리하므로 인방보의 크기를 200mm×250mm로 결정하는 것이 바람직하다.

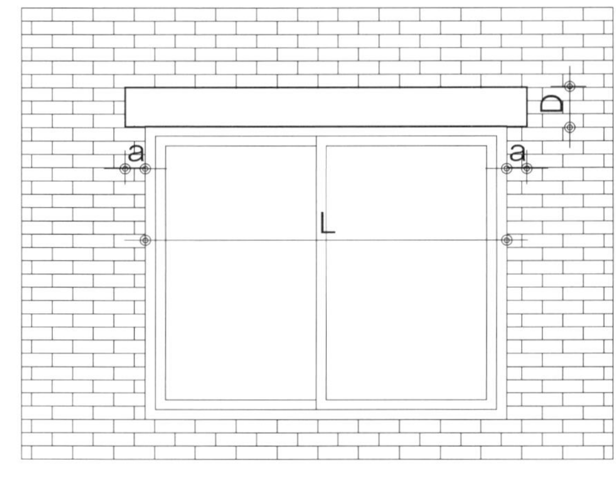

D : 200mm 이상, L/10 이상
a : 100mm 이상

[해 그림 0407.2] 인방보 설치 예

0407.3 기초

(1) 조적조의 내력벽에 대한 기초는 연속 줄기초로 하여야 한다.

(2) 조적벽체 하부의 기초벽을 포함한 줄기초의 폭 및 두께는 해당 벽체의 하중분담폭 [그림 0407.3]과 층수에 따라 〈표 0407.1〉로 하며, 철근배근은 [그림 0407.4]의 줄기초 배근 상세도를 사용한다. 다만, 기초의 바닥은 지반의 동결융해로 인한 손상을 방지하기 위해 지반으로부터 1.0m 아래에 위치하여야 한다.

0407.3 기초

(1) 연속된 벽체의 기초는 줄기초가 경제적이며 효율적인 기초형식이다. 줄기초 이외의 독립기초, 온통기초, 복합기초 등은 건축구조기준으로 구조안전을 확인하여야 한다.

(2) 기초는 내력벽체 수직하중의 크기와 지내력에 따라 결정해야 하며, 0402의 적용조건을 만족하는 내력벽체의 기초는 지반의 상태를 조사하여 지내력을 확인한 후 시공하는 것이 원칙이다. 기초 저면부는 동절기에도 결빙이 되지 않도록 하여 부등침하 등의 재해를 예방할 수 있도록 설계·시공되어야 한다.

줄기초의 크기 및 두께는 벽체의 하중분담 폭을 Lw이라 하고, 필요 기초폭을 Be라 하면 벽체가 지지해야 하는 층수에 따라 다음과 같은 기초폭이 필요하다.

[표 0407.1] 줄기초의 크기

층 수	분담폭(m)	기초폭(mm)	기초두께(mm)
2층	3.2 초과 4.5 이하	1000	400
	1.6 초과 3.2 이하	800	400
	1.6 이하	600	400
1층	모든 벽체	600	400

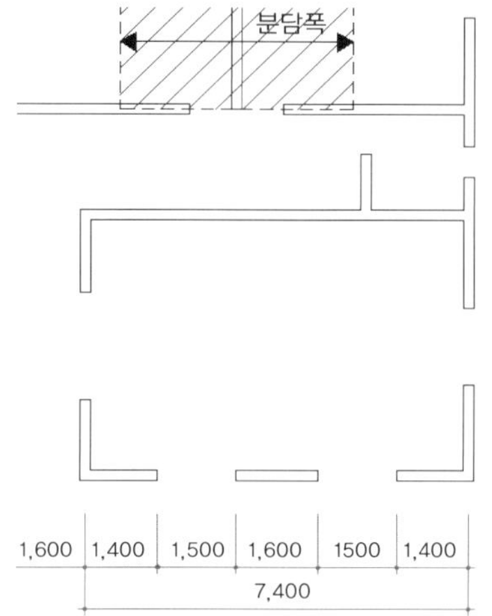

[그림 0407.3] 평면도상 조적벽 하중분담폭

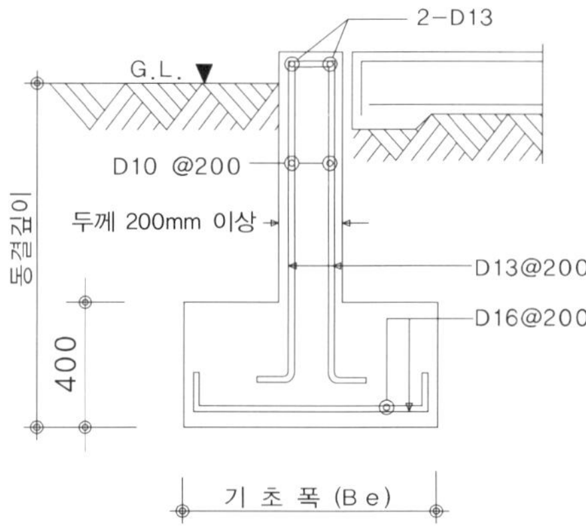

[그림 0407.4] 줄기초 배근도

1) 2층, 3.2m < Lw ≤ 4.5m → Be = 1,000mm
2) 2층, 1.6m < Lw ≤ 3.2m → Be = 800mm
3) 2층, Lw ≤ 1.6m → Be = 600mm
4) 1층, 모든 벽체 → Be = 600mm

또한 기초벽을 포함한 줄기초의 배근은 [그림 0407.4]의 배근상세도를 적용할 수 있다.

(예) 2층 건물인 [해 그림 0407.3]의 W1 벽체일 경우 : 하중분담폭이 2.6m이므로 기초폭 Be=800mm를 적용하면 된다.

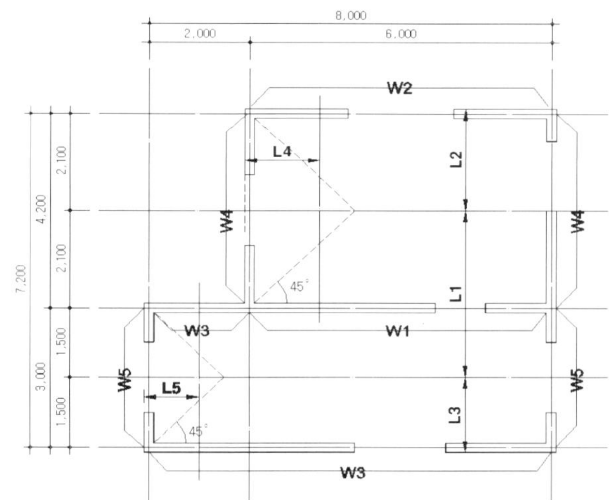

[해 그림 0407.3] 조적벽 하중분담폭

0408 조적쌓기

0408.1 내력벽체 쌓기

내력벽체는 마구리와 길이면이 켜별로 교차되어 쌓는 것이 바람직하나, 최대 5켜 중 한 켜는 마구리쌓기로 하여야 한다.

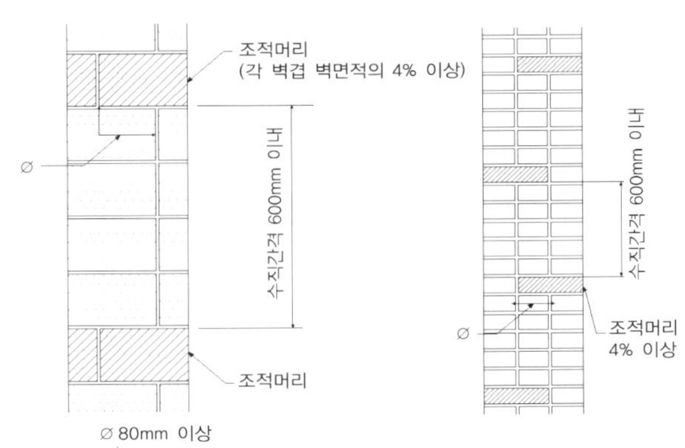

[해 그림 0408.1] 내력벽체 쌓기

0408.2 교차부 쌓기

내력벽체가 만나는 부위는 벽체와 벽체가 서로 70mm 이상 삽입되어 맞물려야 하며, 마구리와 길이면이 번갈아 나타나는 쌓기로 하여야 한다.

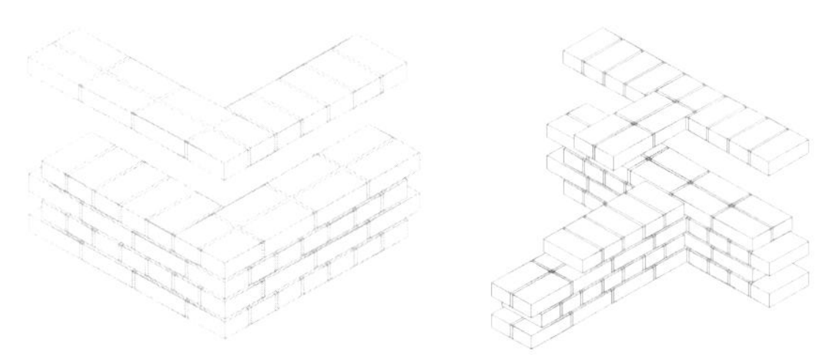

(a) 모서리 부위(내력벽체 1B쌓기) (b) 만나는 부위(내력벽체 1B쌓기)

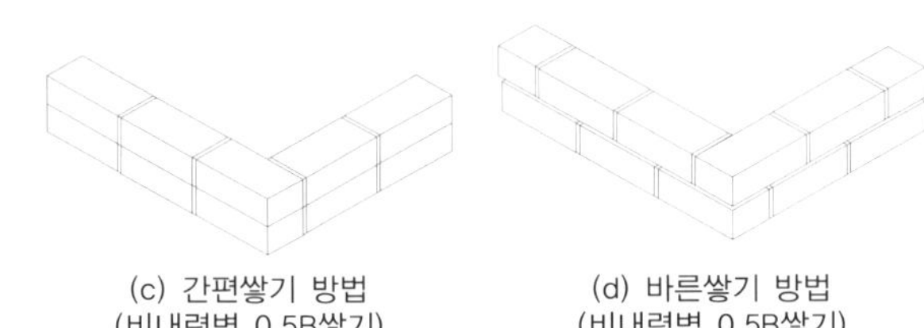

(c) 간편쌓기 방법 (비내력벽 0.5B쌓기) (d) 바른쌓기 방법 (비내력벽 0.5B쌓기)

[해 그림 0408.2] 모서리 쌓기

0408.3 치장벽체 쌓기

치장벽체는 횡력에 의해 탈락되지 않도록 구조벽체와 긴결철물을 사용하여 충분히 긴결하여야 한다.

0408.4 줄눈시공

(1) 조적조 벽체의 줄눈은 통줄눈으로 시공하여서는 아니 된다.

(2) 수평·수직 줄눈은 충분히 충전되어 빈틈이 없도록 하여야 한다.

(3) 치장줄눈은 구조줄눈이 시공된 후 별도로 시공하여야 한다.

(4) 줄눈의 두께는 10mm 내외로 하여야 한다.

0408.4 줄눈시공

[해 그림 0408.4]에서와 같이, 만약 개체의 75% 이상이 L_p와 포개지거나 $\frac{1}{2}h_u$ 이하 또는 $\frac{1}{4}l_u$ 이하로 포개져 시공될 때, 이 벽체를 통줄눈쌓기로 간주한다.

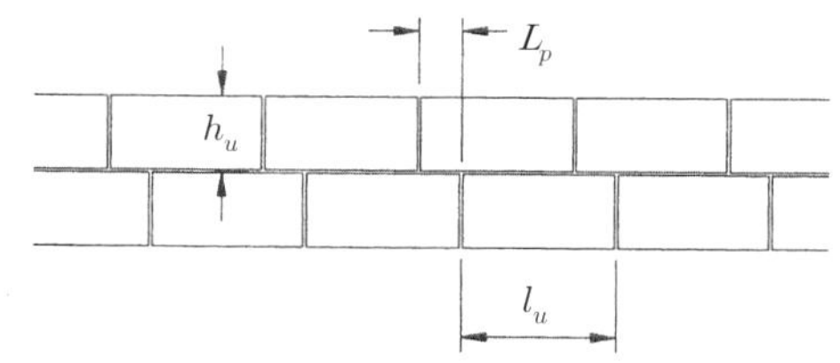

[해 그림 0408.4] 통줄눈쌓기

제 5 장

강구조

제5장 강구조

0501 일반사항

(1) 소규모 강구조 건축물이 이 장에서 제시하는 적용 조건을 만족하고, 적용상 문제가 없는 경우에는 이 장에서 제시하는 지침에 따라 설계할 수 있다.

(2) 설계도서에는 모든 부재의 크기, 위치, 기둥중심, 요철부의 치수, 볼트의 크기 및 개수, 용접 사이즈, 기타 상세 등이 정확히 표현되어야 한다.

(3) 여기서 규정되지 않은 보, 기둥 및 접합부의 모든 상세는 건축구조기준의 강구조 일반 규정을 만족해야 한다.

0501 일반사항

(1) 이 장에서는 규모가 2층 이하, 500m^2 미만이고 제2장에서 제시한 적용조건을 만족하는 강구조 소규모 건축물에 대해 정밀한 구조해석이나 부재설계 없이 이 장에서 제시하는 설계과정을 따르면 구조안전성이 확보될 수 있도록 하였다. 건축구조기준은 내용이 방대하고 복잡하여 구조 분야의 전문지식을 필요로 하므로 보다 쉽게 적용할 수 있도록 정형적인 소규모 강구조 건축물을 대상으로 간편하게 설계할 수 있도록 하였다. 건물에 따라 비경제적이거나 불합리한 설계가 될 수 있으므로 건축주와 설계자가 합리적으로 판단하여 필요한 경우 구조 분야 전문가의 협력을 받는 것이 보다 합리적일 수 있다.

(2) 소규모 건축물을 건설하기 위해서는 일반 건물과 마찬가지로 0103에서 규정하는 구조설계가 필요하며 0103.4에서 규정하는 설계도가 필요하다. 이 지침을 적용하는 소규모 건축물은 골조해석, 부재설계를 수행하지 않으므로 구조설계도서가 구조설계 내용을 정확하게 표현해야 하며, 이를 위해 구조설계도서에 포함해야 할 최소사항을 기술하였다.

(3) 이 장에 규정되지 않은 부재 및 접합부의 상세는 건축구조기준 "강구조설계기준의 일반 규정만을 만족하는 철골구조시스템"의 요구사항을 적용한다. 이 경우 접합부 상세가 보다 단순하게 될 수 있지만 설계지진하중이 증가되어 부재의 크기 증가를 초래한다. 구체적인 상세자료는 "강구조 표준접합상세지침"을 참고한다.

0502 적용조건

제2장의 적용범위와 다음 조건을 모두 만족하여야 한다.

(1) 건물높이는 10m 이하, 한 개 층의 층고는 5m 이하이어야 한다.

(2) 보와 기둥 부재는 열간압연 H형강을 사용하여야 한다. 연속한 2개의 기둥경간은 평균 6m 이하이고 최대경간은 8m 이하이어야 한다.

(3) 지반의 종류는 지표면으로부터 상부 30m에 대한 평균 지반특성이 매우 조밀한 토사지반 또는 연암지반 이상이어야 한다. 이 조건을 만족하지 않는 지반에는 기둥부재의 강종을 SM490A 또는 SHN490으로 적용하여야 한다. 다만, 매립지역이거나 연약한 토사지반일 때는 이 지침을 적용할 수 없다.

0502 적용조건

(1) 이 지침에서의 소규모 건축물의 규모 및 층고는 가장 일반적으로 건설되는 건물을 표준으로 하였으며, 이에 근거하여 건물의 층고, 경간, 보 간격 등을 제한하였다. 즉 한 개 층의 층고가 5m를 초과하면 바람이나 지진과 같은 수평하중에 대해 건물의 수평변형이 증가하게 되고, 이로 인해 보 및 기둥의 강도와 강성이 증가해야 한다. 강도와 강성 증가는 부재의 크기 증가를 초래한다. 실제 소규모 강구조 건축물의 대부분의 층고가 4m 내외임을 고려할 때 5m보다 큰 경우까지 적용대상에 포함시키면 5m 이내인 건물의 경제성을 해치게 된다. 이러한 이유로 5m를 표준으로 하였고, 공장이나 창고 등 층고가 높은 건물은 이 지침의 적용 대상에서 제외하였다.

(2) 열간압연 H형강 이외의 제품의 경우 제품 자체의 품질에 대한 보증 등 전문성을 요하는 검토단계가 필요하므로 이 지침에서는 KS에 규정된 열간압연 H형강으로 그 사용을 제한하였다.

기둥의 경간은 보의 크기에 직접적으로 영향을 미치는 요소로 경간이 길어지면 기둥의 하중이 증가하여 기둥과 기초의 크기가 증가한다. 소규모 건축물 기둥의 경간은 6m 내외가 일반적이므로 이 지침에서도 평균 6m, 최대 8m까지 적용 가능하도록 하였다. 연속한 2개의 기둥경간이 8m를 넘으면 보와 기둥의 하중부담이 증가하게 되어 보와 기둥의 크기를 증가시켜야 한다. 따라서 소규모 강구조 건축물에 가장 일반적으로 적용 가능한 경간을 대상으로 단면을 제시하였다.

(3) 지진에 대한 건축물의 구조적 거동은 건축물이 위치한 지반의 성질에 따라 상당한 차이가 발생한다. 지표면으로부터 상부 30m까지의 평균 지반특성은 원칙적으로 지반조사를 실시하여야 판단할 수 있는 사항으로 소규모 건축물도 지반조사를 실시하는 것이 바람직하다. 다만, 지반조사를 생략하는 경우에는 인접지반의 지반조사 결과를 참고하여 판단할 수 있다. 규정된 지

지침

해설

반조건보다 연약지반인 경우 지진하중 증가를 고려하여 고강도강재를 기둥부재에 적용해야 하며, 지반조사 결과가 없어 지반상태에 대한 판단이 불가능한 경우에도 고강도강재를 기둥부재에 적용하여 내진성능을 향상시키면 된다. 다만, 매립지역이나 연약한 토사지반인 경우에는 지진하중의 영향을 매우 크게 받기 때문에 이 장에서 제시하는 지침을 적용할 수 없으며 건축구조기준에 따라 구조 분야 전문가의 협력을 받아 설계하여야 한다.

(4) 주요한 구조부재의 용접은 공장용접을 원칙으로 한다. 현장용접을 하여야 하는 경우 반드시 건축구조기술사 또는 용접 관련 분야의 기술사에 의한 검사 및 확인을 받아야 한다.

(4) 기둥-보 접합부, 기초판 등과 같이 하중전달에 주요 경로가 되는 주요 구조부의 용접은 구조물의 안전성을 결정하는 매우 중요한 사항이므로 용접의 완결성이 유지될 수 있도록 조치해야 한다. 따라서 현장용접이 필요한 경우 반드시 건축구조기술사 또는 용접의 완결성을 확인할 수 있는 용접 관련 분야 기술사의 확인을 받아야 한다.

0503 재료 및 규격

0503.1 강재

강구조에 사용되는 모든 구조용 강재는 KS 제품을 사용하여야 한다. 치수 규격은 KS D 3502를 만족하여야 하며, 강종은 〈표 0503.1〉에 나타낸 KS 표시인증 제품을 사용하여야 한다.

〈표 0503.1〉 구조용 강종 규격

인장강도	강종	KS 규격
400MPa 이상	SHN400	KS D 3866 건축구조용 열간압연 H형강
	SS400	KS D 3503 일반구조용 압연 강재
	SM400A	KS D 3515 용접구조용 압연 강재
490MPa 이상	SHN490	KS D 3866 건축구조용 열간압연 H형강
	SM490A	KS D 3515 용접구조용 압연 강재

0503.2 볼트

(1) 구조용 강재의 접합에 사용되는 모든 볼트는 F10T 고력볼트를 사용하며 인장력을 확인할 수 있는 방법에 의하여 볼트를 체결하여야 한다.

(2) 작업장에서 볼트를 체결할 부재의 마찰면에는 마찰력의 감소를 가져올 우려가 있는 심한 녹, 흙 및 기름 등을 마찰면에서 제거하고 보호판으로 마찰면을 보호하여야 한다.

(3) 볼트에 묻은 기름은 완전하게 제거하고 사용하여야 한다.

0503 재료 및 규격

0503.1 강재

0104.1의 규정에 따라 소규모 강구조 건축물에 사용되는 구조용 재료는 적정한 성능 및 품질 확보를 위해 KS 제품 사용을 원칙으로 하고 있다. 이에 열간압연 H형강의 치수 및 그 허용 오차는 KS D 3502를 따른 제품을 사용해야 하며, 강재의 기계적 특성과 관련된 강종의 경우 KS 강종 중 일반구조용 강재(SS재), 용접구조용 강재(SM재), 그리고 건축구조용 강재(SHN재)의 사용을 원칙으로 한다. 또한, 강재는 그 품질이 기술표준원에 의해 검증되어 KS 마크(Ⓚ)를 취득한 표시인증 제품을 사용하여야 한다.

0503.2 볼트

(1) 소규모 건축물 건설의 현실을 고려하여 구조용 강재의 접합에 F10T 고력볼트를 사용하도록 규정하였다. F10T 이상의 강도를 갖는 고력볼트의 사용이 필요한 경우 취성파괴 및 지연파괴의 우려가 없는 제품을 사용하여야 한다. 볼트의 능력을 현실적으로 실험하기가 어려우므로 KS제품임을 확인하여 품질을 확보할 수 있어야 한다. 또한 TS 볼트 적용 또는 회전수 관리 등을 통하여 요구되는 인장력이 확보되었음을 확인할 수 있어야 한다.

(2) 이물질 중 강재의 표면에 고르게 분포한 붉은 녹은 마찰접합에 도움이 될 수 있다. 단, 녹이 심하게 발생한 경우(녹의 박리 또는 단면 결손 우려 등)에는 구조적 안전성 확인 및 이에 대한 적절한 조치가 필요하다.

0503.3 용접

(1) 용접봉의 항복강도는 용접하고자 하는 강재(모재)의 항복강도 이상의 것을 사용해야 한다. 이를 위해 SS400, SM400A, SHN400은 KS D 7004, F43 규격 이상의 용접봉을 사용하고, SM490A, SHN490은 KS D 7006, D50, D53 규격 이상의 용접봉을 사용하여야 한다.

(2) [그림 0503.1(A), (B)]와 같이 맞댐용접을 하는 경우에는 접합되는 강판의 두께를 개선하여 완전 맞댐용접으로 하여야 한다.

(3) [그림 0503.1(C)]와 같이 모살용접을 하는 경우 용접사이즈(S)는 용접되는 판두께 중 얇은 판두께를 초과하지 않도록 하며, 용접길이(L)는 요구되는 하중전달에 무리가 없도록 충분한 길이를 확보하여야 한다.

(4) 기둥에 접합하는 보의 플랜지와 두께 12mm를 초과하는 보 웨브 및 기타 플레이트는 맞댐용접하여야 한다.

(5) 두께 12mm 이하의 보 웨브 및 기타 플레이트는 모살용접하여야 한다.

(6) 모살용접은 양쪽면을 용접함을 원칙으로 한다.

0503.3 용접

(1) 용접하고자 하는 강재에 샤르피 충격치(CVN값)가 요구되는 경우에는 용접봉도 모재와 동등 이상의 CVN 값을 가지는 재료를 사용하여야 한다.

(2) 맞댐용접은 용가재가 용접되는 두 강판을 완전용입하여 일체화해야 하므로 용접봉의 진입이 가능하도록 적절한 개선이 필요하다. 일반적으로 [그림 0503.1]에서 개선각 a는 35~45도 정도로 하며, 루트간격 R1은 0~2 정도로 한다.

(3) 건축구조기준에 따라 모살용접의 최대 사이즈는 원칙적으로 접합되는 모재의 얇은쪽 부재의 두께 이하로 한다. 또한, 모살용접의 최소 사이즈는 모재의 얇은쪽 부재의 두께가 6mm 이하인 경우 3mm ; 6mm 초과 13mm 이하인 경우 5mm ; 13mm 초과 19mm 이하인 경우 6mm ; 19mm 초과인 경우 8mm로 한다. 만약 적절한 계산에 의한 검증이 되지 않을 경우 용접길이는 모재와 접합 가능한 최대 길이를 기본으로 한다.

(4) 하중전달의 확보가 매우 중요한 접합부 위치는 용접시 모재강도와 동일한 하중전달이 가능한 맞댐용접 사용이 필요하다. 맞댐용접이 필요한 경우는 다음과 같다.

i) 보의 플랜지
ii) 두께가 12mm를 초과하는 보 웨브
iii) 두께가 12mm를 초과하는 기타 플레이트

(5) 판두께가 얇은 보 웨브 또는 중요 하중전달 기구가 아닌 플레이트의 경우는 용접의 편의성을 위해 모살용접을 허용한다. 모살용접이 가능한 경우는 다음과 같다.

i) 두께가 12mm 이하인 보 웨브
ii) 두께가 12mm 이하인 기타 플레이트

(7) 모든 용접은 외관검사를 하고 도장 전 검사를 하여야 한다.

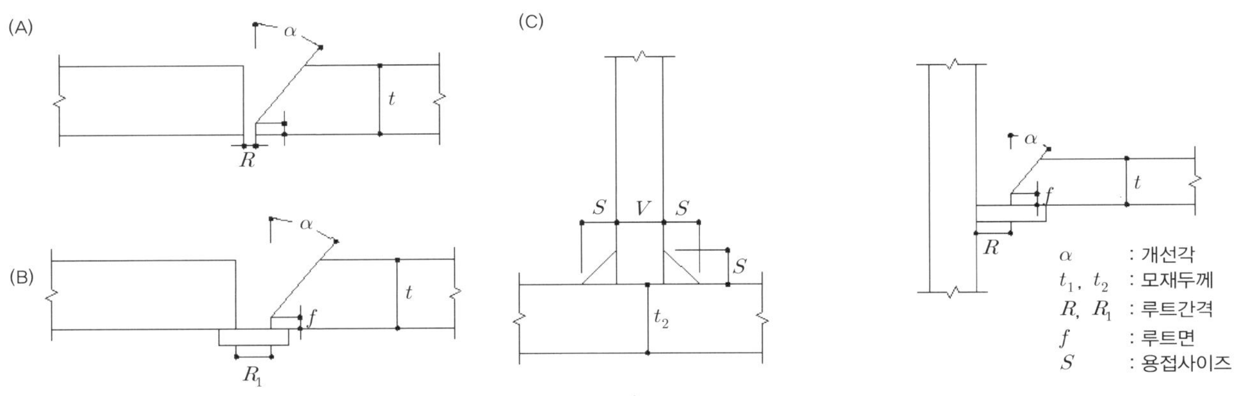

[그림 0503.1] 맞댐용접과 모살용접

0503.4 콘크리트 및 철근

슬래브, 기초와 벽체에 사용되는 콘크리트, 철근의 강도, 규격 및 품질은 제3장을 따른다.

0503.4 콘크리트 및 철근

0503.5 스터드

모든 보는 콘크리트 슬래브와 긴결하여야 한다. 강재보와 콘크리트 슬래브의 연결에 사용되는 스터드의 항복강도는 235MPa 이상이어야 하며, 강재보 플랜지에 설치한 스터드의 직경은 16mm 이상, 스터드 간격은 300mm 이내, 콘크리트에 묻힘 길이는 100mm 이상이어야 한다.

0503.5 스터드

스터드는 KS D 0233에 적합한 강도를 가진 제품을 사용해야 한다. 강재보와 콘크리트 슬래브의 긴결성과 전체 구조물의 일체성 확보를 위해 스터드의 직경, 간격, 길이를 제한하였다. 스터드 사용 목적이 강재보와 콘크리트 슬래브의 합성보 성능을 확보하기 위함이 아니며, 합성보에 필요한 스터드 품질관리 등이 어렵기 때문에 합성보는 이 지침에서 제외한다.

0504 보

0504 보

이 지침에서 예시하는 보, 기둥 단면 크기와 접합부 상세는 [해 그림 0504.1]의 표준 구조모델에 근거한다. 이 모델을 대상으로 지침을 적용하여 설계하는 과정을 각 조항에 해설과 함께 기술하였다.

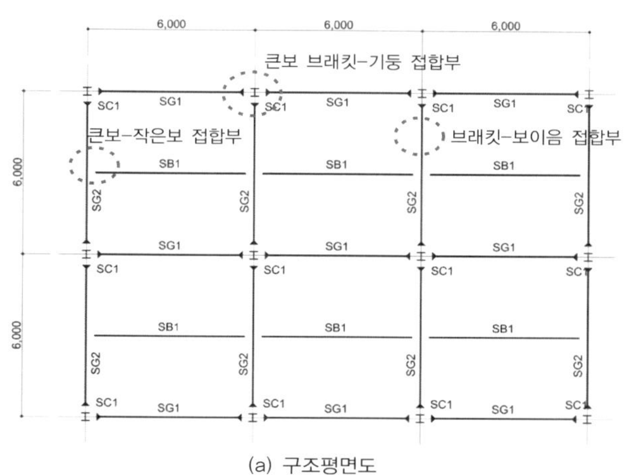

(a) 구조평면도

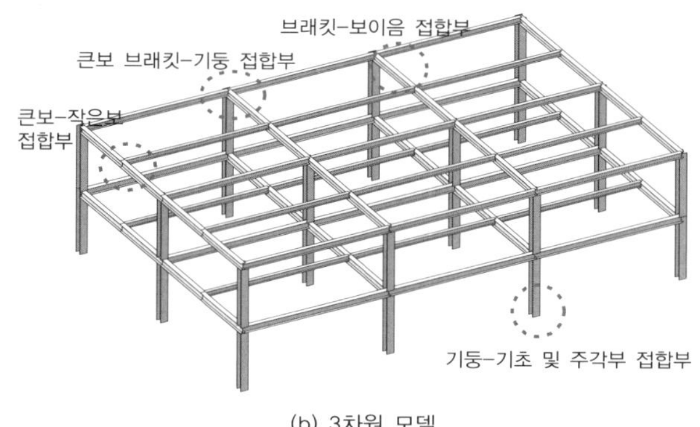

(b) 3차원 모델

[해 그림 0504.1] 표준 구조모델

0504.1 보의 구분과 배치

(1) 슬래브를 지지하는 평행한 보 사이의 배치간격은 3.5m를 초과하지 않아야 한다.

0504.1 보의 구분과 배치

(1) 보의 배치간격은 보의 중심간 거리를 의미하는 것으로 보의 간격은 슬래브의 두께 및 배근에 직접적으로 영향을 미치며 보의 하중을 결정하여 설계하는데도 큰 영향을 미친다.

[해 그림 0504.1] 표준 구조모델 :
슬래브를 지지하는 평행한 보(SB1, SG1) 간격
=3m<3.5m (O.K)

(2) 작은보를 지지하는 큰보의 길이(기둥 중심간 길이)는 6m 이하이어야 한다. 작은보와 작은보를 지지하지 않는 큰보의 길이(기둥 중심간 길이)는 8m 이하이어야 한다.

(2) 큰보는 기둥과 기둥을 연결하는 보를 의미하고, 작은보는 슬래브를 지지하며 큰보에 의해 지지되는 보를 의미한다. 0502(2)에서 최대 기둥경간을 8m로 규정하였으나 작은보를 지지하는 큰보의 경우 작은보로부터 오는 하중 전달경로에 따라 보에 작용하는 하중부담이 크므로 최대길이를 6m로 제한하였다.

[해 그림 0504.1] 표준 구조모델 :
작은보를 지지하는 큰보 (SG2) 길이=6m≤6m (O.K)
작은보 (SB1) 길이=6m<8m (O.K)
작은보를 지지하지 않는 큰보 (SG1) 길이=6m<8m (O.K)

0504.2 작은보

(1) 작은보의 최소 깊이는 300mm 이상이어야 하며, 보 길이의 1/18 이상이어야 한다.

0504.2 작은보

(1) 보의 깊이는 〈표 0504.1〉의 H-형강 단면에서 H를 의미하며, 종전에는 보의 춤이라고 표현했으나 보의 깊이로 표현이 변경되었다. 이 조항에서 제시하는 작은보의 최소 깊이는 보 길이가 최대 8.0m인 경우에 중력하중에 대하여 처짐과 안전성을 확보할 수 있도록 제한하였다.

[해 그림 0504.1] 표준 구조모델 :
작은보(SB1)의 최소 깊이
=6000/18(=333mm)와 300mm 중 큰 값
=333mm
∴ 〈표 0504.1〉에서 333mm보다 큰 단면인 350mm 이상 적용

(2) 작은보는 깊이에 따라 〈표 0504.1〉에 제시한 H형강 단면 또는 그 이상의 휨성능(S_x 값 기준)을 가진 부재를 사용하여야 한다.

(2) 작은보의 단면은 안전성과 경제성을 고려하여 깊이 300mm에서 600mm로 제시하였다.

[해 그림 0504.1] 표준 구조모델 :
작은보 (SB1) : H-350×175×7×11 사용.

(3) 작은보의 단부접합은 [그림 0504.1]과 같이 웨브만을 접합하는 단순접합부로 한다.

(3) 작은보는 중력하중을 지지하고, 지진하중에 대하여 저항하지 않도록 설계함을 원칙으로 한다. 따라서 단부접합은 모멘트가 큰보에 전달되지 않는 단순접합부로 한다.

(4) 보의 볼트접합상세는 한국강구조학회의 고력볼트 표준접합설계 편람 부록 1 표준접합부설계표의 전강도설계법에 따른다. 다만, 이 지침에서 제시한 접합부를 따르면 안전한 것으로 평가할 수 있다.

(4) 한국강구조학회의 고력볼트 표준접합설계 편람 부록 1의 표준접합부 설계표에 따라 연결플레이트 크기, 고력볼트 개수 및 간격을 결정한다. 이 때 수직 스티프너의 두께는 작은보의 웨브 두께와 동일하게 한다.

〈표 0504.1〉 작은보 설계용 주요철골부재 일람표

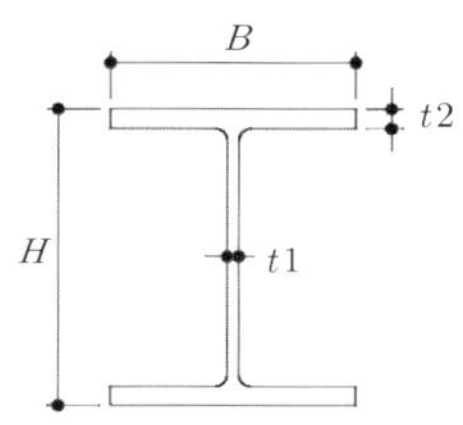

표준단면치수	단위중량	단면적	단면2차모멘트		단면계수	
H-HxBxt1xt2	kg/m	A(cm^2)	I_x(cm^4)	I_y(cm^4)	S_x(cm^3)	S_y(cm^3)
H-300x150x6.5x9	36.7	46.78	7,209	508	481	67.7
H-294x200x8x12	56.8	72.38	11,338	1,600	771	160
H-350x175x7x11	49.6	63.14	13,600	984	775	112
H-400x200x8x13	66.0	84.12	23,700	1,740	1,190	174
H-450x200x9x14	76.0	96.76	33,500	1,870	1,490	187
H-500x200x10x16	89.6	114.2	47,800	2,140	1,910	214
H-600x200x11x17	106	134.4	77,600	2,280	2,590	228

[해 그림 0504.1] 표준 구조모델 : 큰보-작은보 접합부 설계
연결플레이트 : 2-PL 170(가로)×220(세로)×9(두께)
고력볼트 (F10T) 개수=4 - M20
수직 스티프너 두께=7mm
상세 [그림 0504.1] 참조

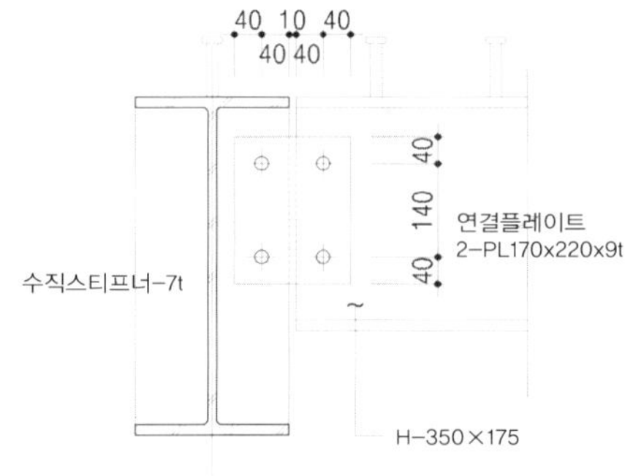

[그림 0504.1] 큰보-작은보 접합부 예시

0504.3 큰보

(1) 큰보의 최소 깊이는 350mm 이상이어야 하며, 보 길이의 1/15 이상이어야 한다.

0504.3 큰보

(1) 이 조항에서 제시하는 큰보의 최소 깊이는 작은보를 지지하지 않는 큰보의 길이가 최대 8m인 경우와 작은보를 지지하는 큰보의 길이가 6m인 경우에도 중력하중과 지진하중에 대하여 처짐과 안전성을 확보할

수 있도록 제한하였다.

[해 그림 0504.1] 표준 구조모델 :
작은보를 지지하지 않는 큰보(SG1)의 최소 깊이
=6000/15(=400mm)와 350mm 중 큰 값
=400mm
∴〈표 0504.2〉에서 400mm 이상 적용
작은보를 지지하는 큰보(SG2)의 최소 깊이
=6000/15(=400mm)와 350mm 중 큰 값
=400mm
∴〈표 0504.2〉에서 400mm 이상 적용

(2) 작은보를 지지하는 큰보는 작은보 깊이 이상이어야 한다.

(2) 작은보와 큰보의 접합을 고려하여 작은보를 지지하는 큰보는 작은보 깊이와 동일하거나 커야 한다.

[해 그림 0504.1] 표준 구조모델 :
작은보를 지지하는 큰보(SG2)의 최소깊이>작은보(SB1) 깊이
=400mm>350mm (O.K)

(3) 큰보는 깊이에 따라 〈표 0504.2〉에서 제시하는 H-형강 단면 또는 그 이상의 휨성능(S_x 값 기준)을 갖은 부재를 사용하여야 한다.

(3) 큰보의 단면은 안전성과 경제성을 고려하여 깊이 350mm에서 600mm로 제시하였다.

[해 그림 0504.1] 표준 구조모델 :
작은보를 지지하지 않는 큰보(SG1) : H-400×200×8×13 사용
작은보를 지지하는 큰보(SG2) : H-400×200×8×13 사용

(4) 큰보-기둥 접합부는 [그림 0504.2]~[그림 0504.5]와 같이 공장에서 브래킷형식으로 제작하여 현장에 반입한 후 고력볼트를 사용하여 보이음을 하여야 한다. 이때 보의 이음은 충분한 부재의 강도가 확보될 수 있도록 하여야 한다.

(4) 보 이음부에 전달되는 하중에 대하여 저항하도록 보이음을 설계하기 보다는 이음부가 보의 저항력보다 큰 저항력을 갖도록 전강이음을 하여 충분한 강도가 확보될 수 있도록 한다. 이 지침에서 제시하는 모든 접합부 상세는 전강도설계법에 따른다.

(5) 큰보와 기둥을 연결하는 브래킷의 단면은 큰보와 동일한 단면을 사용하여야 한다. 기둥과 브래킷의 접합은 공장용접 접합을 사용하여야 하며, 브래킷 웨브와 플랜지를 모두 접합하는 모멘트접합으로

(5) 브래킷과 이에 연결된 보에 사용되는 부재는 강재의 강도 및 단면 크기가 동일한 것을 사용해야 한다.

하여야 한다.

(6) 보의 볼트접합상세는 한국강구조학회의 고력볼트 표준접합설계 편람 부록 1 표준접합부 설계표의 전강도설계법에 따른다. 다만, 이 지침에서 제시한 접합부를 따르면 안전한 것으로 판단할 수 있다.

(6) 한국강구조학회의 고력볼트 표준접합설계 편람 부록 1의 표준접합부 설계표에 따라 연결플레이트 크기, 고력볼트 개수 및 간격을 결정한다.

[해 그림 0504.1] 표준구조모델 : 큰보 이음(브래킷-보 이음) 접합부 설계
웨브 연결플레이트 : 2-PL165×260×9t
웨브 고력볼트 (F10T) 개수=6-M20
플랜지 외부 연결플레이트 : 2-PL405×195×9t
플랜지 내부 연결플레이트 : 4-PL405×70×12t
플랜지 고력볼트 (F10T) 개수=12-M20
상세 [그림 0504.5] 참조

〈표 0504.2〉 큰보설계용 주요철골부재 일람표

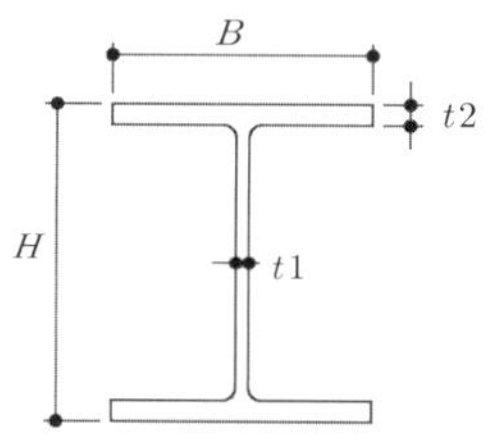

표준단면치수	단위중량	단면적	단면2차모멘트		단면계수	
H-HxBxt1xt2	kg/m	A(cm^2)	I_x(cm^4)	I_y(cm^4)	S_x(cm^3)	S_y(cm^3)
H-350x175x7x11	49.6	63.14	13,600	984	775	112
H-400x200x8x13	66.0	84.12	23,700	1,740	1,190	174
H-450x200x9x14	76.0	96.76	33,500	1,870	1,490	187
H-500x200x10x16	89.6	114.2	47,800	2,140	1,910	214
H-600x200x11x17	106	134.4	77,600	2,280	2,590	228

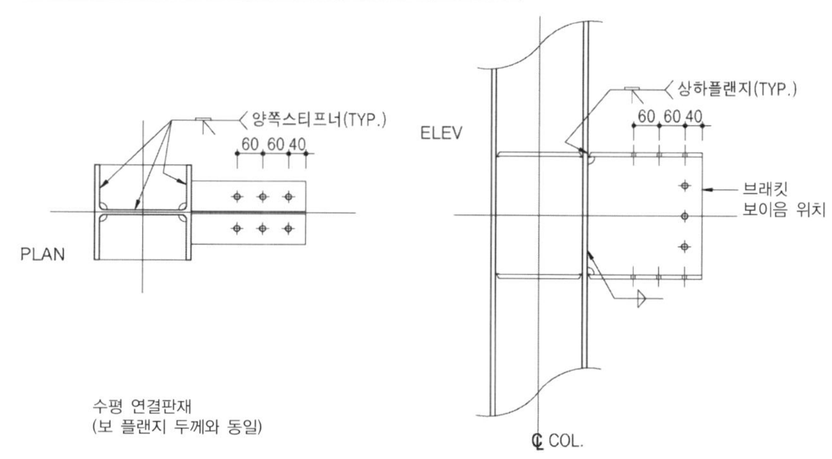

[그림 0504.2] 작은보를 지지하는 큰보 브래킷-기둥 접합부 예시 (전용접-공장용접)

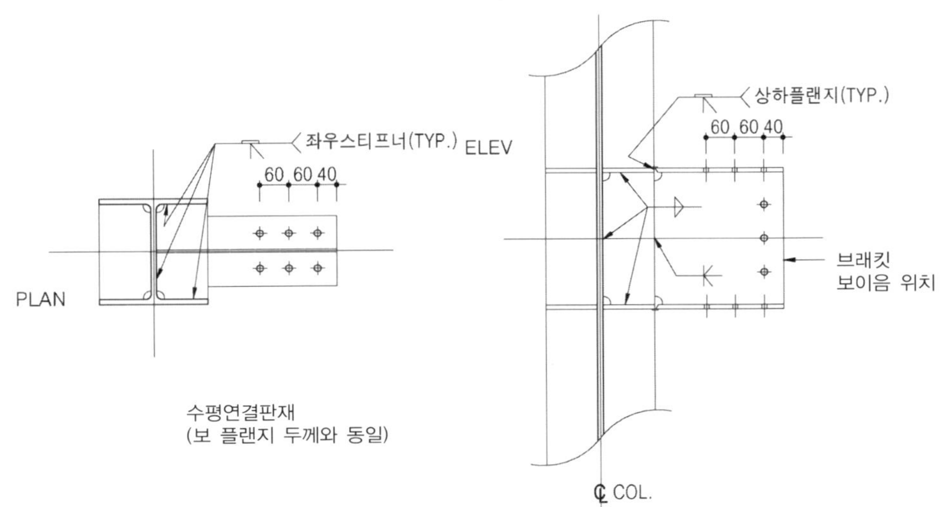

[그림 0504.3] 작은보를 지지하지 않는 큰보 브래킷-기둥 접합부 예시 (전용접-공장용접)

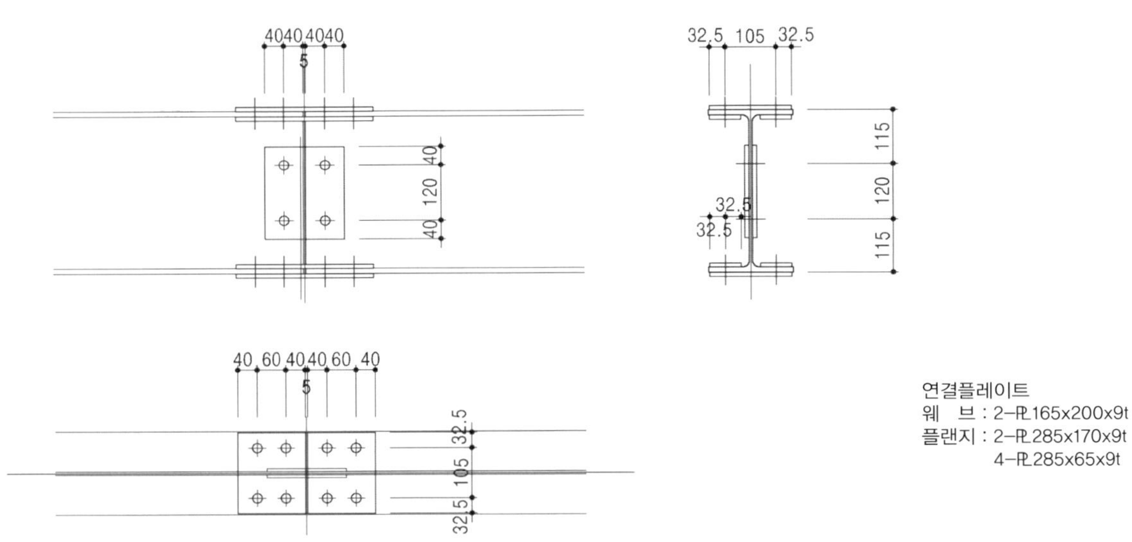

[그림 0504.4] 큰보 이음 접합부의 고력볼트 체결 예시(보 H-350x175)

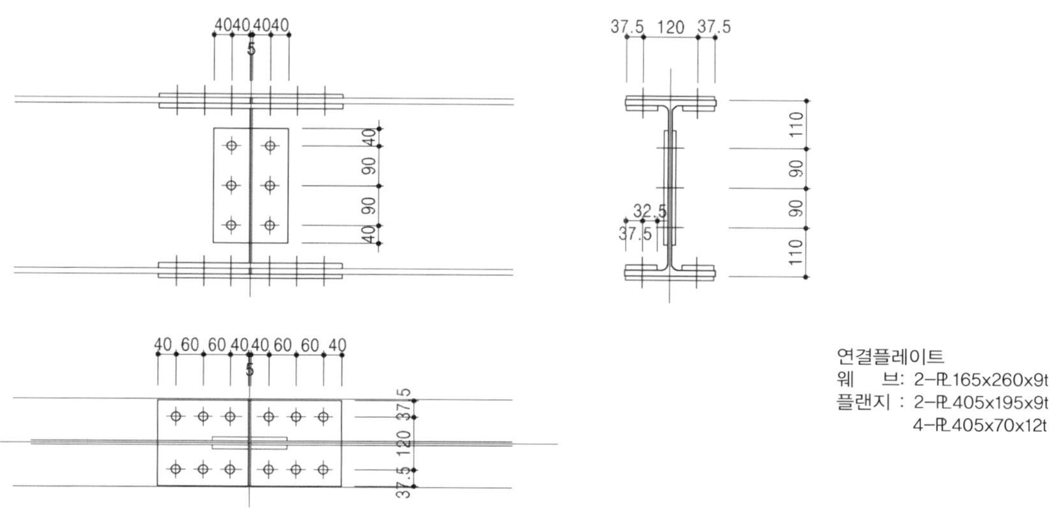

[그림 0504.5] 큰보 이음 접합부의 고력볼트 체결 예시(보 H-400x200)

0504.4 캔틸레버보

(1) 기둥으로부터 돌출되는 캔틸레버보의 길이는 최대 1.5m 이하이어야 하며, 캔틸레버보의 크기는 내부로 연속되는 보의 크기와 같아야 한다.

(2) 캔틸레버보와 기둥의 접합은 모멘트접합을 사용하며, 접합방법은 0504.3(5)에 따른다.

0504.4 캔틸레버보

(1) 2층 건물인 경우, 2층에 돌출된 캔틸레버보의 길이가 1.5m를 초과하면 건물에 작용하는 층지진력의 분포가 달라져 이 지침에서 제시하는 보의 크기로는 내진성능을 확보할 수 없다.

0505 기둥

(1) 기둥은 기둥경간과 건물 층수에 따라 〈표 0505.1〉에 제시한 H형강 단면 또는 그 이상의 구조성능을 갖는 부재를 사용하여야 한다.

(2) 기둥은 중간의 이음이 없는 하나의 부재로 제작하여야 한다.

(3) 기둥에 접합되는 두 개의 직각방향의 큰보 중에서 더 큰 하중을 받는 보가 기둥의 플랜지에 접합되도록 기둥단면 방향을 결정한다. 작은보를 지지하는 큰보가 기둥의 플랜지에 접합하는 것이 일반적이다.

0505 기둥

(1) 기둥에 H-형강 사용을 원칙으로 하며, 조립부재라도 공장에서 제작된 후 용접 등에 대한 적절한 품질이 확인된 부재인 경우 사용할 수 있다. 기둥부재에 적용하는 강재의 강도는 보부재에 적용된 강재의 강도와 같거나 큰 것을 사용한다. 여기서 구조성능이라 함은 축력과 휨모멘트를 동시에 고려한 단면의 성능을 말하며, 〈표 0505.1〉의 단면적과 단면계수가 모두 클수록 구조성능이 우수하다고 볼 수 있다.

[해 그림 0504.1] 표준 구조모델 :
2층 건물 경간 6m 이하 기둥 : H-300×300×10×15 사용

(2) 시공성과 경제성을 고려하여 2층의 기둥도 1층 기둥과 동일한 부재를 사용하도록 하였다.

(3) H형강의 기둥에는 작은보를 지지하는 큰보와 작은보를 지지하지 않는 큰보가 직각방향으로 접합된다. 이때 기둥에는 축하중과 모멘트접합부를 통한 모멘트가 동시에 전달된다. 작은보를 지지하는 큰보가 큰 모멘트를 기둥에 전달하므로 기둥의 플랜지를 작은보를 지지하는 큰보에 접합하도록 하여 큰 모멘트에 저항할 수 있도록 한다. 한편, H-형강을 기둥에 사용하는 것을 원칙으로 하기 때문에 H형강의 폭(B)방향으로 지진하중이 작용할 경우 시스템의 안전성을 확보하기 위해 최소한 연속한 2개의 경간을 권장한다.

(4) 기둥과 큰보 브래킷의 접합 부위에는 [그림 0504.2]와 [그림 0504.3]과 같이 기둥 H형 단면 내부의 브래킷 상하 플랜지 위치에 수평연결재를 용접하여 배치해야 하며, 수평연결재의 두께는 브래킷 플랜지 두께와 동일하게 하여야 한다.

〈표 0505.1〉 기둥설계용 주요철골부재 일람표

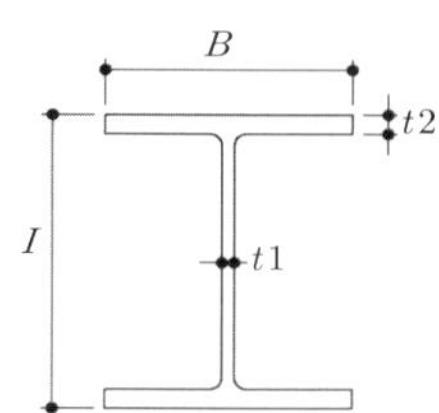

표준단면치수	1층 건물		2층 건물	
H-HxBxt1xt2	경간 6m 이하	경간 6m 초과 8m 이하	경간 6m 이하	경간 6m 초과 8m 이하
H-250x250x9x14	사용 가능	불가	불가	불가
H-250x255x14x14	사용 가능	불가	불가	불가
H-300x300x10x15	사용 가능	사용 가능	사용 가능	불가
H-300x305x15x15	사용 가능	사용 가능	사용 가능	불가
H-304x301x11x17	사용 가능	사용 가능	사용 가능	불가
H-350x350x12x19	사용 가능	사용 가능	사용 가능	사용 가능

표준단면치수	단위중량	단면적	단면2차모멘트		단면계수	
H-HxBxt1xt2	kg/m	A(cm^2)	I_x(cm^4)	I_y(cm^4)	S_x(cm^3)	S_y(cm^3)
H-250x250x9x14	72.4	92.18	10,800	3,650	867	292
H-250x255x14x14	82.2	104.7	11,500	3,880	919	304
H-300x300x10x15	94.0	119.8	20,400	6,750	1,360	450
H-300x305x15x15	106	134.8	21,500	7,100	1,440	466
H-304x301x11x17	106	134.8	23,400	7,730	1,540	514
H-350x350x12x19	137	173.9	40,300	13,600	2,300	776

0506 슬래브

(1) 슬래브의 설계는 0308에 따른다.

(2) 슬래브는 스터드를 사용하여 강재보와 연결되어야 하며 스터드 배치는 0503.5에 따른다.

0506 슬래브

(1) 국내 데크플레이트의 표준화가 되어 있지 않은 현실을 고려하여 바닥구조에 데크플레이트를 사용한 합성슬래브 적용을 제외하였다.

0507 기초 및 주각부

(1) 철근콘크리트 독립기초는 0311과 제6장에 따른다.

(2) 강재기둥과 기초를 연결하는 콘크리트 기둥단면의 한 변의 길이는 [그림 0507.1]~[그림 0507.3]과 같이 해당 방향의 강재기둥 단면의 길이보다 250mm 이상 커야 하며, 베이스플레이트의 폭보다 100mm 이상 커야 한다.

(3) 강재기둥과 기초를 연결하는 콘크리트 기둥의 주근은 8개의 D19 이상, 띠철근은 D10 철근을 150mm 이하의 간격으로 배근하여야 한다.

(4) 강재기둥의 주각부는 [그림 0507.1]~[그림 0507.3]과 같이 모멘트를 기초에 전달하는 고정주각으로 설계하여야 한다.

(5) 주각부 베이스 플레이트의 크기는 앵커볼트의 위치를 고려하여 기둥형강의 각 방향폭보다 150mm 이상 크게 하고, 두께는 2층 건물의 경우는 30mm 이상, 1층 건물의 경우는 20mm 이상을 적용한다. 베이스플레이트의 상세는 [그림 0507.1]~[그림 0507.3]을 참조한다.

(6) 앵커볼트의 크기와 개수는 2층 건물의 경우 직경 22mm 이상의 앵커볼트를 6개 이상 사용하고, 1층 건물의 경우 직경 20mm 이상의 앵커볼트를 6개 이상 사용한다. 앵커볼트의 정착은 기초의 하부까지 직경의 30배 이상 연장되어 후크 형태로 기초에 정착하여야 한다. 앵커볼트 배치와 상세는 [그림 0507.1]~[그림 0507.3]을 참조한다.

0507 기초 및 주각부

(4) 기둥과 주각부의 접합은 휨모멘트가 전달될 수 있도록 고정주각으로 설계한다. 소규모 강구조 건축물에 일반적으로 사용하는 모멘트를 전달하지 않는 핀주각으로 설계할 경우, 지진하중을 저항하기 위해서 기둥부재 크기의 과대한 증가를 초래하여 고정주각 설계를 원칙으로 하였다.

(5),(6) [그림 0507.1]에서와 같이 베이스 플레이트 두께와 앵커볼트의 크기가 예외적인 경우가 있다.

i) 경간 6m 이하의 2층 건축물인 경우, 시공성과 경제성을 고려하여 다음과 같이 적용할 수 있다.
- 강재 SM490A 또는 SHN490을 사용하여 베이스 플레이트 두께를 25mm 이상으로 적용

ii) 경간 6m 초과 8m 이하의 1층 건축물의 경우, 안전성을 고려하여 다음과 같이 적용하여야 한다.
- 강재 SM490A 또는 SHN490을 사용하여 베이스 플레이트 두께를 25mm 이상으로 적용
- 직경 22mm 이상 앵커볼트 사용

(7) 베이스 플레이트와 기둥의 접합은 공장용접하여야 한다.

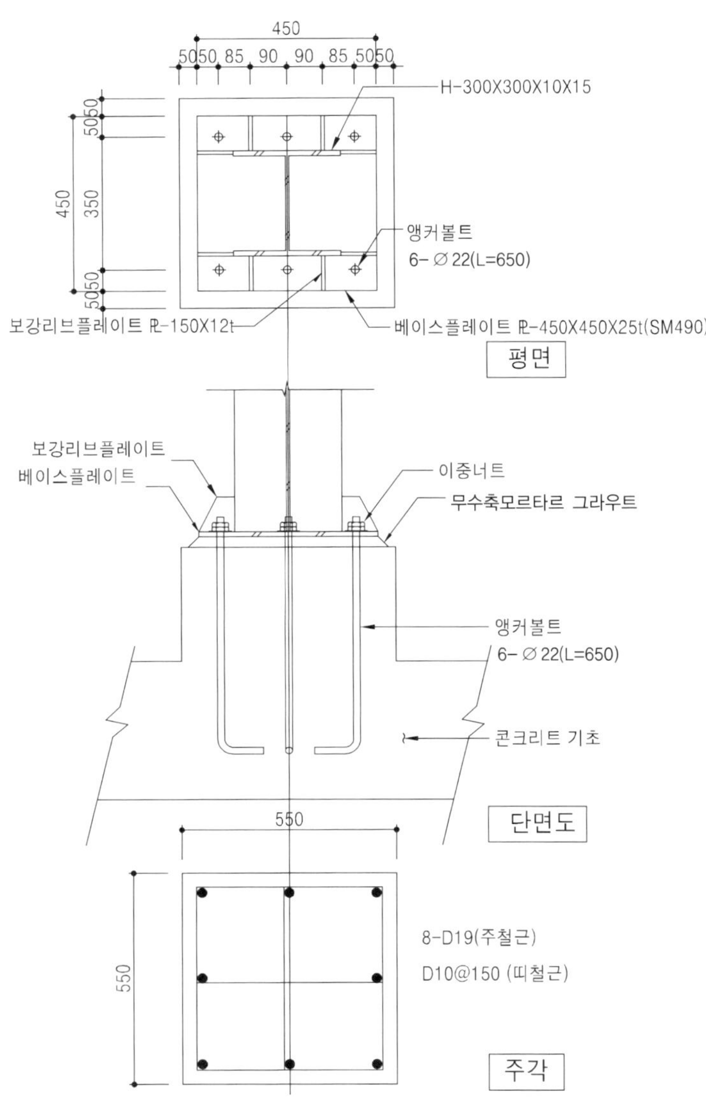

[그림 0507.1] 2층 건축물(경간 6m 이하) 및 1층 건축물(경간 6m 초과 8m 이하)의 기둥-기초 및 주각부 접합부 예시

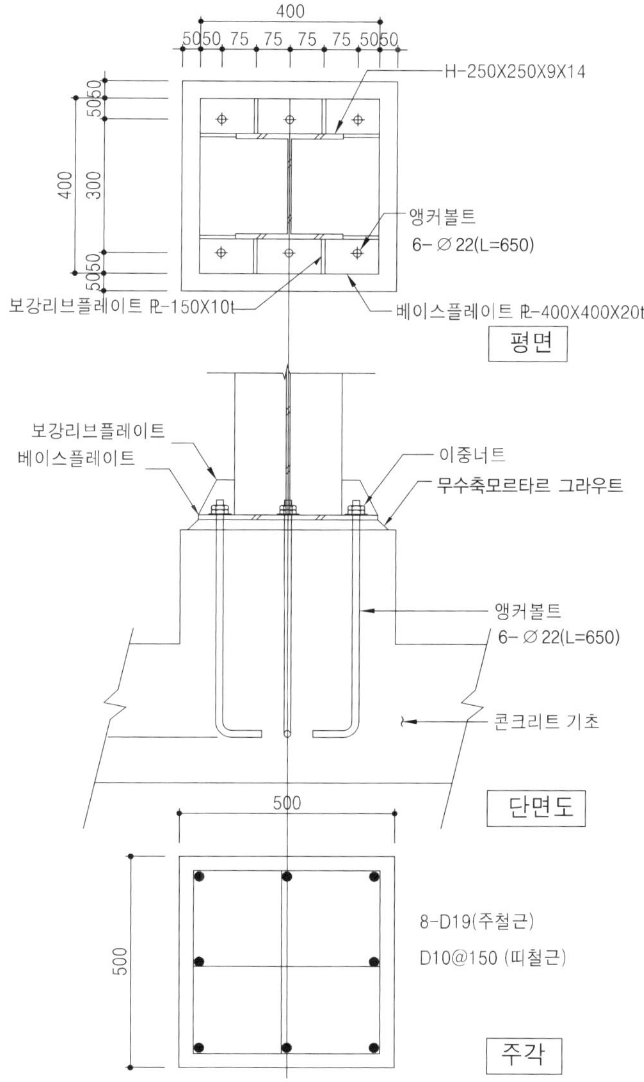

[그림 0507.2] 2층 건축물(경간 6m 초과 8m 이하)의 기둥-기초 및 주각부 접합부 예시

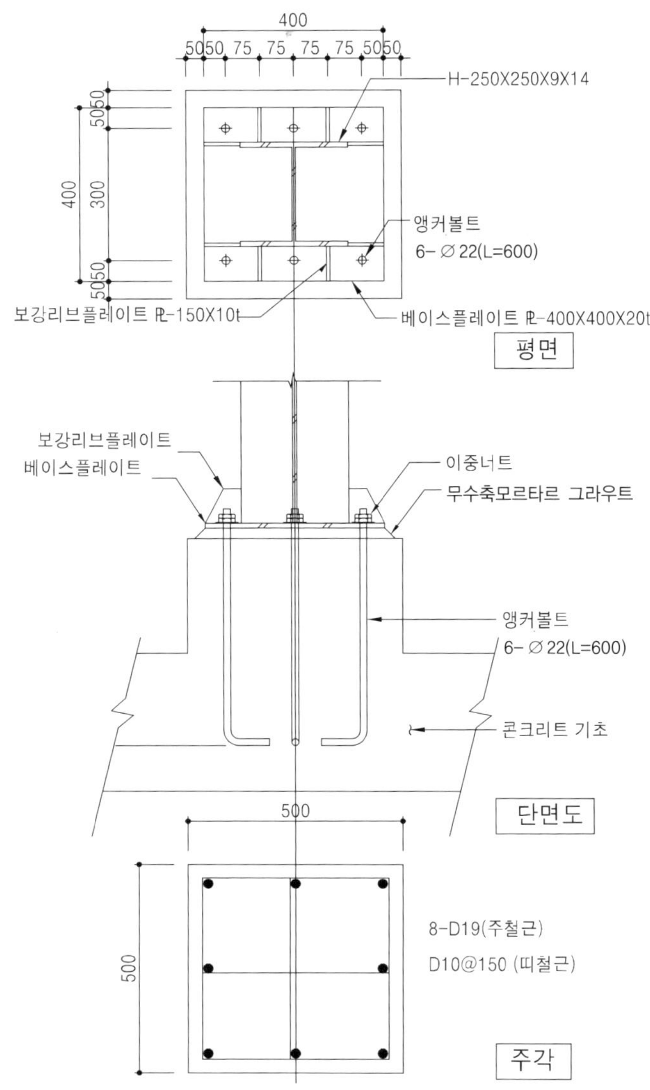

[그림 0507.3] 1층 건축물(경간 6m 이하)의 기둥-기초 및 주각부 접합부 예시

지침

0508 접합상세 및 시공

(1) 구조용 강재의 모든 용접은 공장에서 실시하여야 하며, 현장에서는 고력볼트접합으로 부재를 연결하는 것을 원칙으로 한다.

(2) 고력볼트접합에 사용하는 연결판재 두께의 합은 연결하는 웨브나 플랜지 두께의 1.2배 보다 커야 한다.

(3) 부재의 크기와 상세가 설계도면과 다르거나 시공이 불가능한 경우 현장에서의 부재가공은 불가능하며, 다시 공장에서 제작하도록 조치하여야 한다.

해설

0508 접합상세 및 시공

(2) 연결판재의 강도는 연결하고자 하는 부재의 강도와 동등한 강도를 가지는 재료를 사용해야 한다.

제 6 장

기 초

제6장 기 초

0601 일반사항

(1) 기초는 안정화된 지반에 설치되어야 하며, 매립토 등에는 설치할 수 없다.

(2) 기초 하부면의 바닥을 잘 고른 후 두께 50mm 이상의 버림콘크리트를 타설하고 기초를 설치하여야 한다.

(3) 독립기초 및 줄기초의 저면 위치는 동결심도 아래에 위치하여야 하며, 지표면으로부터 최소 1.0m 아래에 위치하여야 한다.

0601 일반사항

(1) 건축물의 하중에 의하여 침하가 발생하지 않는 지반 위에 설치하여야 한다. 이를 확인하기 위해 지반조사를 실시할 필요가 있다. 지반조사를 실시하지 못할 경우 주변 대지의 지반조사 결과를 참조할 수 있다.

(2) 균등한 하중전달을 위해 일정두께 이상의 버림콘크리트를 타설하여 기초판으로부터 전달되는 하중이 기초 저면의 지반에 균등히 분포될 수 있다.

(3) 동결심도 및 지반의 안정성을 고려하여 지표면 1m 하부에 기초바닥이 위치하도록 한다.

0602 기초의 형식 및 크기

(1) 독립기초 및 줄기초의 상세는 구조형식별 각 장의 규정을 따른다.

(2) 지하층 하부에 설치되는 온통기초는 7장을 따른다.

0602 기초의 형식 및 크기

(1) 독립기초 및 줄기초의 상세는 제3장 콘크리트구조의 03011과 제4장 조적조 0407.3의 해당 규정을 참고한다.

(2) 지하층 하부에 온통기초를 사용하는 경우 제7장 지하구조의 0708을 적용하며 지하층이 없이 1층에 적용하는 온통기초는 해설 0311을 적용한다.

0603 기초판의 철근비

(1) 독립기초 및 줄기초에는 각 방향 철근을 기초판의 하부에 배치하여야 하며, 하부 철근의 피복두께는 최소 80mm 이상이어야 한다.

(2) 지하층 하부에 설치되는 온통기초는 기초판의 상부와 하부에 각 방향 철근을 배치하여야 한다.

(3) 각 방향 최소철근비는 2% 이상이 되어야 하며, 상세는 구조형식별 각 장의 규정을 따른다.

0603 기초판의 철근비

(1) 독립기초와 줄기초의 경우에는 단면의 하부에 휨인장력이 작용하므로 기초판 하부에 두 직각방향으로 철근을 배치하여야 한다. 기초판 하부는 흙에 직접 접촉되는 부분이므로 철근의 부식방지를 위하여 두꺼운 피복두께가 요구된다.

(2) 지하층 하부에 설치되는 온통기초에는 기초판 상하부에 두 직각방향 철근을 배치하여야 한다.

(3) 기초판에는 온도변화, 건조수축으로 인하여 콘크리트 균열이 발생할 수 있으며, 과도한 균열을 방지하기 위하여 최소한의 철근량이 배치되어야 한다. 철근이 요구되는 모든 방향과 위치에 최소철근비 규정을 준수하여야 한다.

0604 기초판 철근의 정착

(1) 기초판 모서리에서 기초 철근정착은 0305.4의 규정에 따라야 한다. 정착길이가 부족한 경우에는 90도 갈고리 정착을 하여야 한다.

(2) 모든 기둥과 벽체의 수직철근은 기초판 하부까지 연장하여 90도 갈고리로 정착하여야 한다.

0604 기초판 철근의 정착

(1) 일반적으로 줄기초의 경우에는 기초판의 폭이 작으므로 90도 갈고리 정착이 필요할 수 있다.
매트기초의 경우에는 하부철근에 대해서는 90도 갈고리를 사용하여야 하며, 상부 철근에는 90도 갈고리를 사용하지 않아도 된다.
(2) 수직철근의 갈고리 철근은 인장력에 대한 정착과 수직철근의 위치와 수직도 확보를 위하여 요구된다.

제 7 장

지하구조

제7장 지하구조

0701 일반사항

(1) 소규모 건축물의 지하층 구조설계는 국토해양부 고시 건축구조기준을 따른다. 다만, 이 장에서 제시하는 적용 조건을 만족하고, 적용상 문제가 없는 경우에는 이 장에서 제시하는 기준에 따라 지하층을 설계할 수 있다.

0701 일반사항

(1) 이 장에서는 규정하는 소규모 건축물은 2층 미만, 500m^2 이하이고, 제2장에서 제시한 적용 조건을 만족하는 건축물로 이 건물에 설치되는 지하구조에 대해 규정한다. 지하구조는 상부구조와 달리 지반과 외벽에서 면하고 있으며 하부는 기초와 함께 지하바닥 역할도 하여야 한다. 크기, 면적 등에서 상부구조와 달리 보다 다양하게 지하구조를 형성할 수 있으나 모든 지하구조물에 전부 적용할 수 있는 규정을 만든다는 것은 불가능하므로 이 장에서 제시하는 기준에 적합하면 이 장을 적용하여 지하층을 설계할 수 있다. 즉 지하구조에 관한 정밀한 구조해석이나 부재설계 없이 이 장에서 제시하는 부재와 배근을 따르면 건축물의 안전성이 확보될 수 있도록 하였다. 이 장에서 규정한 적용범위를 넘어서는 소규모 건축물은 건축구조기준을 적용하여 설계하여야 한다. 이 장에서는 원칙적으로 건축구조기준을 적용하여 개별 건물의 지하실에 대해 설계하는 것이 경제적이고 합리적인 설계이지만 건축구조기준의 내용이 방대하고 복잡하여 구조 분야의 전문지식을 필요로 하므로 보다 쉽게 적용할 수 있도록 정형적인 소규모 강구조 건축물을 대상으로 설계할 수 있도록 하였다. 건물에 따라 비경제적이거나 불합리한 설계가 될 수 있으므로 건축주와 설계자가 합리적으로 판단하여 필요한 경우 구조 분야 전문가의 협력을 받는 것이 보다 합리적일 수 있다.

지침

(2) 지하층 설계도서에는 지하층의 크기 및 위치, 지하층과 1층 바닥의 모든 부재의 크기 및 위치, 기둥 중심, 철근의 크기 및 위치, 기타 상세 등이 명확하게 표현되어야 한다.

(3) 이 장에서 규정하지 않은 재료 및 규격, 설계도서, 피복두께 및 철근상세 등은 각각 제3장 철근콘크리트구조의 0303, 0304, 0305를 따른다.

해설

(2) 소규모 건축물을 건설하기 위해서는 일반 건물의 지하구조와 마찬가지로 0103에서 규정하는 구조설계가 필요하며, 0103.4에서 규정하는 설계도가 필요하다. 이 지침을 적용하는 소규모 건축물의 지하구조는 골조해석, 부재설계를 수행하지 않으므로 구조설계도서가 구조설계 내용을 정확하게 표현해야 하며, 이를 위해 구조설계도서에 포함해야 할 최소사항을 기술하였다.

(3) 지하구조는 일반적으로 철근콘크리트구조로 형성되므로 이 장에서 구체적으로 규정하지 않은 지하구조의 재료 및 규격, 설계도서, 피복두께 및 철근상세 등은 제3장 콘크리트구조의 0303 재료 및 규격, 0304 설계도서, 0305 피복두께 및 철근상세를 따른다.

지침

0702 적용조건

(1) 지하층의 구획은 1층의 기둥열을 연결한 선 또는 내력벽으로 연결한 선으로 구획하는 것을 원칙으로 한다. 이때 지하외벽과 인접하는 지하층이 없는 부분의 기둥 또는 내력벽의 기초 깊이는 45도 이하의 흙의 안식각이 유지되도록 일정한 간격을 띄우거나 내림기초로 하여야 한다.

(2) 지하층의 층고는 3.5m 이하로 하여야 한다.

해설

0702 적용조건

(1) 지하층의 구획을 규정한 이유는 지상층만 있는 구조물의 기초는 지하 외벽과의 이격거리가 지하층 기초 깊이 보다 작을 경우 기초 하부의 지반 지지력 확보가 어렵다. 따라서 지하층이 없는 1층 부분의 기초는 흙의 안식각을 고려하여 지하층 바닥과 45도로 사선을 그어 그 하부에 위치하도록 이격거리를 두거나 내림기초로 하여야 한다.

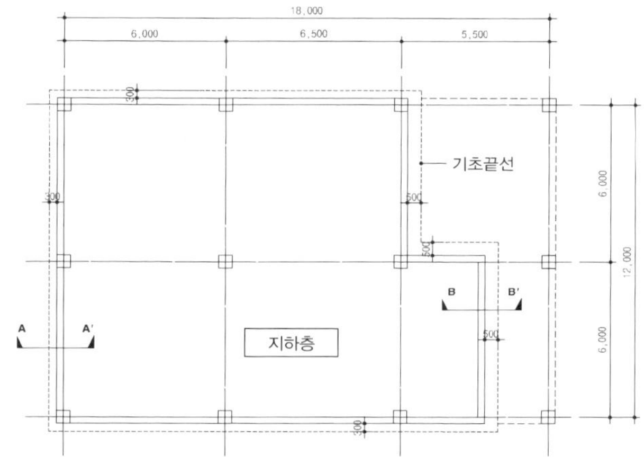

[해 그림 0702.1] 지하층 평면

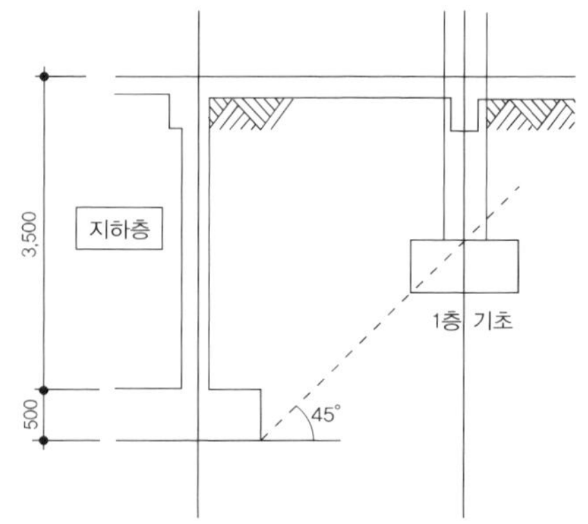

[해 그림 0702.2] 기초의 이격거리

(2) 지하층 층고가 3.5m보다 커지면 지하외벽의 두께가 증가하고 배근량이 증가하므로 상재하중, 지하수위 등

을 고려하여 지하층의 층고를 제한하였다.

(3) 지하층의 기둥 중심간 간격 또는 구조벽체와 기둥 중심과의 간격은 6.5m 이하이어야 한다.

(3) 온통기초의 두께 및 배근은 기둥의 경관 또는 구조벽체와 기둥의 간격이 중요한 요소이므로 이를 제3장 콘크리트구조와 제5장 강구조의 기둥간격을 고려하여 6.5m로 하였다.

(4) 지하수위는 지표면으로부터 1.5m 아래에 위치하여야 한다.

(4) 지하수위는 지하외벽의 두께, 배근량에 직접적인 영향을 미치므로 설계시 매우 중요한 요소이다. 또한, 건물 전체에 미치는 양압으로 작용할 수 있으므로 반드시 지하수위를 확인하여야 한다.

(5) 경사대지일 경우 건축물에 접한 지표면의 최대 높이 차이는 1.5m 이내이어야 한다.

(5) 대지가 경사지이거나 고저차가 있어서 지하구조물에 편토압이 작용할 경우 건축물의 전도나 미끄러짐 현상이 발생할 수 있으므로 고저차가 1.5m 이상인 경우에는 구조전문가에게 검토받아야 한다.

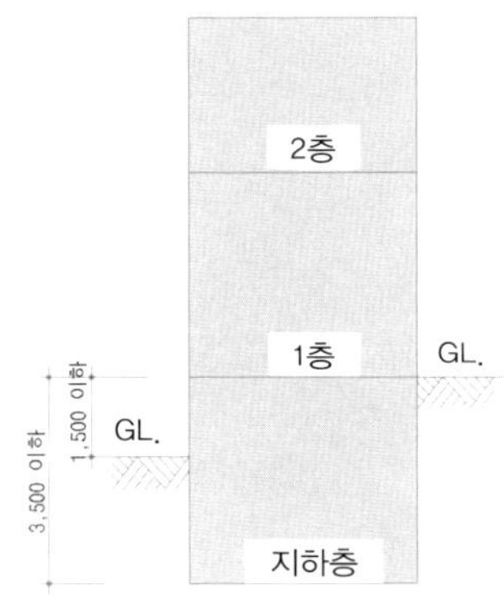

[해 그림 0702.3] 경사지반의 고저차

(6) 1층 내력벽 또는 콘크리트벽 등 구조벽체는 지하층까지 연장하여야 한다. 이때 지하벽체는 철근콘크리트로 하여야 하며, 두께는 200mm 이상이어야 한다.

(6) 하부에 지하층이 있는 부분의 1층 구조벽체(조적벽체, 콘크리트 벽체)는 지하층으로 연장되도록 하여 1층 바닥의 보나 슬래브에 과도한 하중이 걸리지 않게 하여야 한다. 또한 상부층에서 연장된 구조벽체는 두께 200mm 이상의 철근콘크리트 벽체로 하여 충분한 내력을 유지할 수 있도록 하여야 한다.

지침

0703 보

지하층이 있는 부분의 1층 보는 0306의 2층 보에 따른다.

해설

0703 보

지하층이 있는 부분의 1층 보는 하중상태나 구조시스템이 2층과 유사하므로 0306에 규정된 2층 바닥의 보를 적용해도 된다.

0704 기둥

0704.1 기둥의 크기 및 배근

(1) 기둥의 형태는 정사각형 단면으로 크기는 1층 기둥 단면 크기, 500mm×500mm 중 큰 값으로 한다.

(2) 기둥의 주근은 0307.1의 1층 기둥 철근 숫자와 동일하게 하며, 철근의 위치는 1층 기둥 철근과 동일하게 하여 철근이 지하층으로 연장되도록 하여야 한다.

(3) 횡보강철근은 0307.2 에 따른다.

(4) 사각형 단면과 동일 이상의 단면적과 철근비를 갖는 원형 기둥 또는 다각형 기둥을 사용할 수 있다.

(5) 기둥 단면을 (1)항에서 규정한 단면적보다 크게 할 경우에는 증가된 면적비율에 반비례하여 (1)과 (2)에서 제시한 철근비를 감소시킬 수 있다. 다만, 어떠한 경우에도 철근비는 1% 이상이어야 한다.

0704.2 기둥의 예시 단면

기둥의 단면은 다음 〈표 0707.1〉에서 예시하는 단면을 사용할 수 있다.

〈표 0707.1〉 철근콘크리트 기둥단면 예시

구 분	구조단면
지하층 기둥	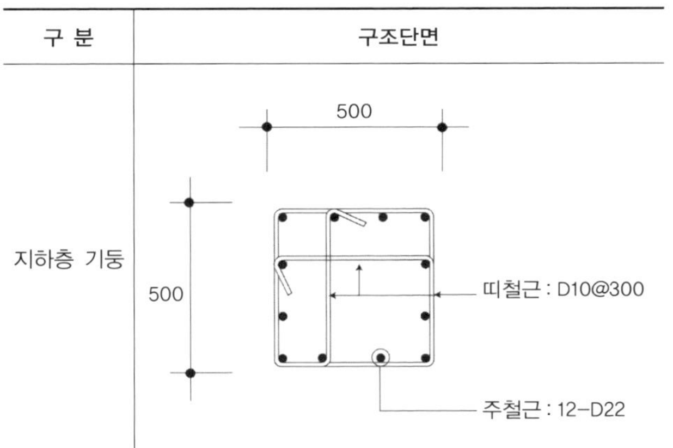

0704 기둥

0704.1 기둥의 크기 및 배근

(1),(2),(3),(4),(5) 기둥의 형태는 이 지침에서 정의하는 소규모 건축물의 모든 구조형식에 적용할 수 있도록 정방형의 사각형 단면을 기준으로 하였으며, 기둥의 크기는 500mm×500mm 이상으로 하도록 하였다. 이외의 사항은 0307을 참조한다.

0705 1층 슬래브

지하층이 있는 부분의 1층 슬래브에 대한 규정으로서 0308에 따른다.

0706 콘크리트 벽체

지하층에 있는 콘크리트 벽체 중 토압을 받지 않는 내부벽체에 대한 규정으로 0309에 따른다.

0707 지하외벽

(1) 높이 3m 초과 3.5m 이하의 벽체는 두께 250mm 이상으로 하고 각 부위별 철근비는 수직방향 외부철근 0.37%, 수직방향 내부철근 0.27%, 수평방향 내부철근 0.1%, 수평방향 외부철근 0.1% 이상으로 한다.
(2) 높이 3m 이하의 벽체는 두께 250mm 이상으로 하고 각 부위별 철근비는 수직방향 외부철근 0.30%, 수직방향 내부철근 0.22%, 수평방향 내부철근 0.1%, 수평방향 외부철근 0.1% 이상으로 한다.

0705 1층 슬래브

지하층이 있는 부분의 1층 슬래브의 하중상태, 지지조건 등이 0308에 규정한 사항과 유사하므로 이를 적용하여도 된다.

0706 콘크리트 벽체

지하층에 있는 내부 콘크리트 벽체는 주로 상부에서 전달되는 축하중과 모멘트를 받으므로 0309 규정사항을 따르면 된다.

0707 지하외벽

(1),(2) 지하외벽은 중력방향의 수직하중과 횡력인 토압 및 수압을 지지하는 구조부재로 이 장에서는 토압, 수압, 벽체의 높이, 두께 등의 변수에 따른 구조설계 결과를 정리하여 제시한 것이다. 토압의 지지조건이나 벽체의 높이 등이 다를 경우 구조전문가에게 협력을 받아 보다 경제적이고 안전한 설계를 할 수 있다. 지하외벽의 배근을 그림으로 나타내면 다음 [해 그림 0707.1], [해 그림 0707.2]와 같다.

(1),(2) 지하벽체의 배근

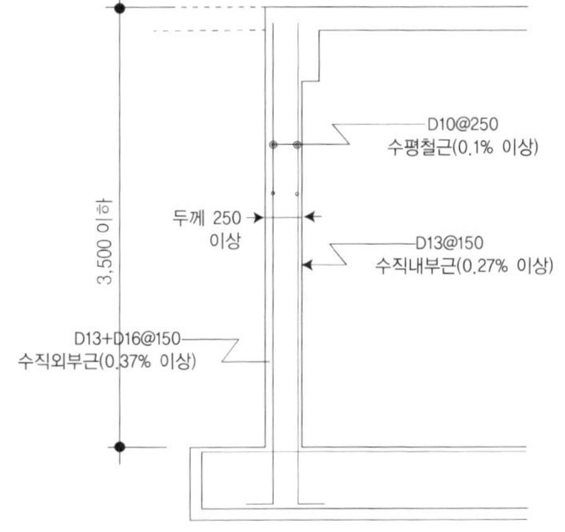

[해 그림 0707.1] 높이 3m 초과 3.5m 이하의 외벽

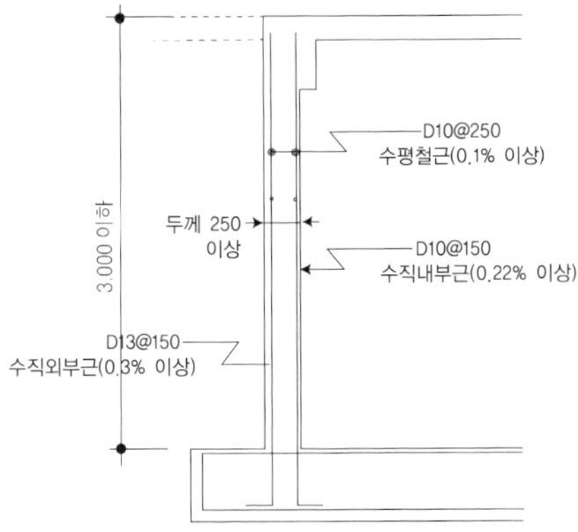

[해 그림 0707.2] 높이 3m 이하의 외벽

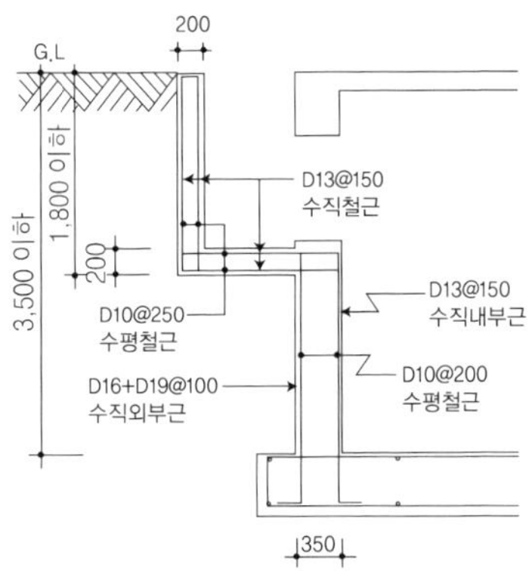

[해 그림 0707.3] 3m 초과 3.5m 이하의 캔틸레버형 외벽

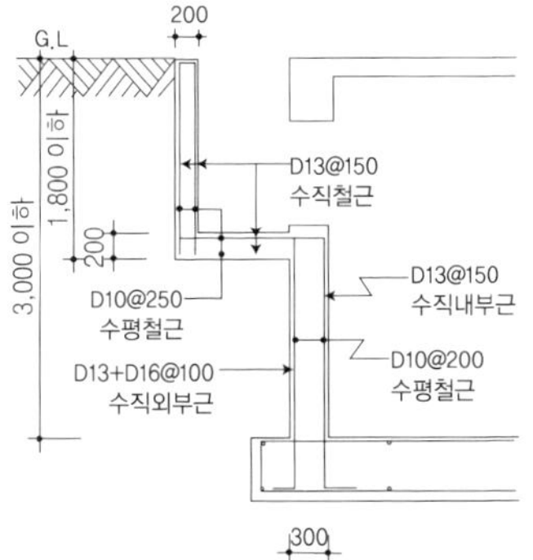

[해 그림 0707.4] 높이 3m 이하의 캔틸레버형 외벽

지침

(3) 지하외벽에 개구부를 설치할 경우 개구부의 크기가 600mm×600mm 이하이어야 하며, 개구부 보강근을 추가하여 보강해야 한다.

해설

(3) 개구부의 보강근은 개구부 양측면에 6-D16의 수직근을 기둥처럼 추가하여야 하며, 상하부로는 4-D16을 추가하여 보강한다.

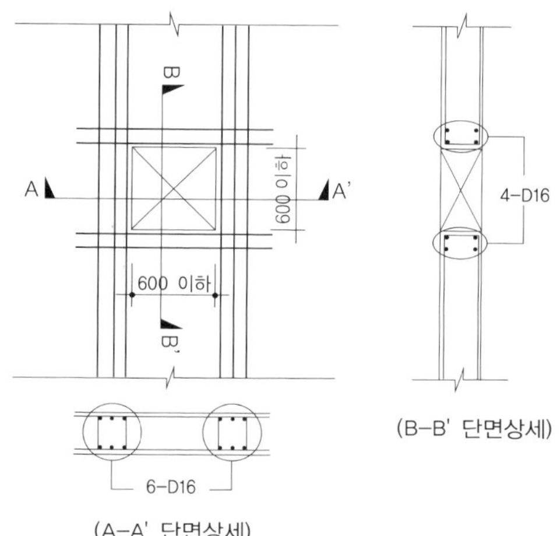

[해 그림 0707.5] 개구부 보강 상세도

0708 기초

(1) 지하층 하부에 위치하는 기초는 온통기초로 하며, 바닥을 고른 후 버림콘크리트를 타설하고 기초를 설치하여야 한다.

(2) 온통기초의 두께는 500mm 이상이어야 한다. 또한, 지하실 외벽으로부터 300mm 이상 돌출되어야 하며, 건물 평면 내부에 지하외벽이 있는 경우 기초가 500mm 이상 돌출되도록 하여야 한다.

(3) 온통기초의 철근비는 양방향으로 단면의 상하에 각각 균등히 배근하여야 하며, 2층인 경우 0.3% 이상, 1층인 경우 0.2% 이상이어야 한다.

0708 기초

(1) 허용지내력은 150kN/m^2 이상 확보하여야 하며, 바닥을 고른 후 버림콘크리트를 타설하고 기초를 설치하여야 한다.

(2) 지하층 바닥 슬래브는 온통기초를 겸하게 되므로 기둥과 구조벽체의 축력을 지지하기 위해 구조체로부터 500mm 이상 내밀어서 크게 하여야 한다.

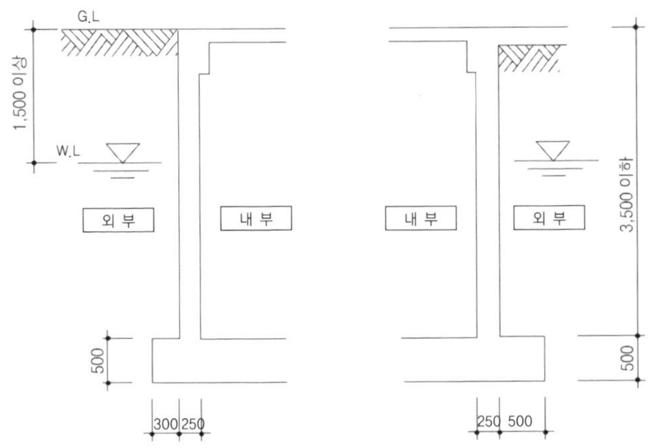

[해 그림 0708.1] 기초의 내민길이

(3) 철근배근은

2층 건물인 경우

철근비는 0.3%이므로

철근량은 50×0.003 / 100＝15cm^2/m

따라서 D16@130, 또는 D19@200가 된다.

배근방법은 가로방향과 세로방향으로 단면의 상부와 하부에 D16철근을 130mm 간격으로 균등하게 배근하거나, D19철근을 200mm 간격으로 균등하게 배근하면 된다.

1층 건물인 경우

철근비는 0.2%이므로

철근량은 50×0.002 / 100＝10cm^2/m

따라서 D16@200, 또는 D19@250가 된다.

배근방법은 가로방향과 세로방향으로 단면의 상부와 하부에 D16철근을 200mm 간격으로 균등하게 배근하거나 D19철근을 250mm 간격으로 균등하게 배근하면 된다.

참고문헌 |

1. 건축구조기준 및 해설, (사)대한건축학회, 2009, 기문당
2. 콘크리트구조설계기준, (사)콘크리트학회, 2007
3. 철근콘크리트 배근상세, (사)한국건축구조기술사회, 2010, 구미서관
4. 철근콘크리트 구조설계, 김상식, 2008, 문운당
5. 강구조설계, (사)한국강구조학회, 2011, 구미서관
6. 건축강구조 표준접합상세지침, (사)한국강구조학회, 2009
7. 고력볼트 표준접합 설계편람, (사)한국강구조학회, 2009

찾아보기 I

(ㅈ)

(ㅊ)

(ㅋ)

(ㅌ)

(ㅍ)

(ㅎ)

집필진 (가나다순)

집필위원장	신영수	이화여자대학교 교수, 구조기술사, 공학박사
집필위원	강창선	에이톰엔지니어링 대표, 구조기술사
	김성호	티섹구조엔지니어링기술사사무소 대표, 구조기술사
	김영민	보성구조기술사그룹 대표, 구조기술사
	박홍근	서울대학교 교수, 구조기술사, 공학박사
	이경구	단국대학교 교수, 미국 P.E., 공학박사

자문위원	김상식	인하대학교 교수, 구조기술사, 공학박사
	김석구	쓰리디엔지니어링 대표, 구조기술사, 건축구조기술사회11대회장
	김종호	창민우구조컨설탄트 대표, 구조기술사, 건축구조기술사회10대회장
	이문곤	티섹 대표, 구조기술사, 건축구조기술사회12대회장
	정재철	국민대학교 교수, 구조기술사, 공학박사
	홍성목	서울대학교 교수, 구조기술사, 공학박사

국토해양부고시

소규모건축물 구조지침 및 해설

2012년 4월 25일 인쇄
2012년 4월 30일 발행

저 자 사단법인 한국건축구조기술사회
발 행 인 강 해 작
발 행 처 기 문 당
주 소 서울시 성동구 무학봉 28길 4-1
(왕십리동 966-22)
전 화 02)2295-6171(代)~5
팩 스 02)2296-8188
출판등록 1976. 10. 7 (1976-2)
홈페이지 http : // 기문당
http : // www.kimoondang.com
I S B N 978-89-6225-396-2 93540

정 가 15,000원